云计算 与 物联网

杨众杰 著

中国纺织出版社

图书在版编目（CIP）数据

云计算与物联网 / 杨众杰著 . -- 北京 : 中国纺织
出版社 , 2018.3（2022.1 重印）

ISBN 978-7-5180-3863-3

Ⅰ .①云… Ⅱ .①杨… Ⅲ .①云计算②互联网络 — 应
用③智能技术 — 应用 Ⅳ .① TP393.027 ② TP393.4
③ TP18

中国版本图书馆 CIP 数据核字 (2017) 第 178034 号

责任编辑：汤　浩　　　　　　　　　　　　责任印制：储志伟

中国纺织出版社出版发行
地　　　址：北京市朝阳区百子湾东里 A407 号楼　　邮政编码：100124
销售电话：010-67004422　　传真：010-87155801
http://www.c-textilep.com
E-mail：faxing@c-textilep.com
中国纺织出版社天猫旗舰店
官方微博 http://weibo.com/2119887771
北京虎彩文化传播有限公司　各地新华书店经销
2018 年 3 月第 1 版　　2022 年 1 月第 19 次印刷
开　　本：787×1092　　1/16　　印张：14.125
字　　数：190 千字　　　　定价：64.00 元

前言

物联网与云计算是战略性新兴产业的重要组成部分,因为物联网与云计算是新一代信息技术产业的核心组成。宽带、泛在、融合等信息网络基础设施的灵魂是物联网与云计算,网络空间身份认证的可信云安全企业和国家战略使网络增值服务等新业态更加发展壮大。

物联网与云计算又是加快培育和发展战略性新兴产业的重要技术工具,因为物联网与云计算技术与创新、创意结合,就可以助力加快培育和发展新能源、新材料、高端装备制造、新能源汽车、现代生物、节能环保等产业。
因此,以物联网与云计算为标杆的信息技术正在纵深发展并深刻改变人类的生产和生活方式,以此为核心组成的新一代信息技术是所有产业结构优化升级的最核心技术。

本书共分七章。第一章主要结合当今社会的生产与生活介绍物联网与云计算的发展、技术等;第二至四章分别从可信安全、智能终端、节能环保等高端前沿科技产业的不同角度，介绍物联网技术在各个新兴产业中的应用实践；第五章重点突出通信技术发展，介绍其中物联网与云计算的应用；第六章以当前新兴火爆的摩拜单车为例，具体讲解摩拜单车项目发展中的物联网与云计算应用；最后一章对物联网产业发展和对未来的影响进行前瞻性展望。

■■ 本书立足于战略性新兴产业与物联网、云计算的关系分析，从物联网与云计算技术解决实际问题的角度出发，举例说明战略性新兴产业的各种技术解决方案，帮助读者解读如何运用该技术助力加快培育和发展战略性新兴产业。

■■ 特别感谢本书的审校人员吴明远先生，他全面负责本书的审稿和校对工作，在书籍中涉及的一些技术疑点给予积极解决。吴明远先生是中国著名的物联网专家，系统架构设计师、计算机科学与技术方向高级工程师，获得国家级发明专利 13 项、其中 6 项获得 PCT 国际专利，曾出版《对话物联网》，并在国家级期刊上发表多篇论文，是中国物联网产品开发领域的专家。

编 者

2017.2

目录

1

第一章
物联网与云计算的生产和生活

人类生产需要使用合适的工具，人类生活也需要适宜的生活环境。从某种意义上说，物联网与云计算将改变人类的生产和生活方式。

数字地球和数字工农业生产设备层通过地球物理及自然资源层的数字化，实现地球数字认识和数字工农业生产。物联网层依靠传感网络连接数字工农业生产设备、感知地球物理及自然资源运动变化数据。云计算层一方面依托物联网层感知地球物理及自然资源的情况，另一方面依托人机传感层感知物联网与云计算生活层中人类的想法。

第一节　落地和升天的物联网与云计算

物联网与云计算是加快培育和发展战略性新兴产业的技术工具，物联网与云计算是战略性新兴产业产品组成和技术服务的核心。物联网与云计算的落地和升天是加快培育和发展战略性新兴产业的生产或生活环境。物联网因云计算而获得有力的运算工具，云计算因物联网而获得最佳的实践途径，战略性新兴产业因此得以加快培育和发展。

它们之间关系的理想化解读表现为三个方面。一是即将腾飞的战略性新兴产业。二是升天—设计和虚拟战略性新兴产业的云计算。三是落地—生产和实现战略性新兴产业的物联网。

一、即将腾飞的战略性新兴产业

什么是战略性新兴产业？《国务院关于加快培育和发展战略性新兴产业的决定》对此这样界定，战略性新兴产业是"引导未来经济社会发展的重要力量""战略性新兴产业是以重大技术突破和重大发展需求为基础，对经济社会全局和长远发展具有重大引领带动作用，知识技术密集、物质资源消耗少、成长潜力大、综合效益好的产业"。

（一）现阶段重点培育和发展的任务

立足国情及其科技、产业基础发展战略性新兴产业也是《中共中央关于制定国民经济和社会发展第十三个五年规划的建议》的要求。现阶段重点培育和发展节能环保、新一代信息技术、生物、高端装备制造、新能源、新材料、新能源汽车等产业。与此同时，加强国际合作，因为"发展战略性新兴产业已成为世界主要国家抢占新一轮经济和科技发展制高点的重大战略"。

（二）加快培育和发展战略性新兴产业

战略性新兴产业腾飞在即。从应用角度看，加快培育和发展战略性新兴产业就是把战略性新兴产业升天至云计算、落地至物联网。升天至云计算就是运用云计算进行虚拟仿真的设计过程，落地至物联网就是运用物联网进行生产加工的实现过程。物联网与云计算就是战略性新兴产业腾飞的翅膀。

因此，如果说战略性新兴产业是一个威力巨大的原子弹，那么物联网与云计算就是运载该核武器到达目标的导弹。物联网与云计算是加快培育和发展战略性新兴产业的助力。

二、战略性新兴产业的云计算

虚拟仿真在当今世界里，任何现代化产业的产品和服务，其设计和建模都离不开计算机的虚拟仿真计算。战略性新兴产业也不例外。在物联网与云计算时代，所有战略性新兴产业的科学研究及其系统、产品的技术设计都可以在云计算及其数据终端上进行虚拟仿真计算。

（一）云计算系统虚拟仿真通俗讲解

例如，中国低空领域开发在即，庞大低空飞行交通市场需求即将引爆。为此，众多国际国内相关设计制造企业纷纷摩拳擦掌、跃跃欲试。

此时，如果你要设计一辆可以海陆空三栖运行的汽车，所谓升天的相关云计算设计建模及其虚拟仿真，或许会呈现如此景象：

首先，云计算会集成世界所有最优秀专家并虚拟为三类团队交付该数据终端，他们是科学家团队、技术专家团队、生产工艺技师团队。科学家会问，你的汽车会行驶在哪些陆地，是阿富汗的山路还是新疆的罗布泊，又或是偶尔会有路边炸弹的伊拉克高速公路？你的汽车会在亚马孙河上泛舟还是会在中国台湾东岸浅海的珊瑚礁群翔底？你的汽车会航行在城市上空还是会穿越南海上空着陆到新加坡？

如果你回答科学家的所有询问，你会获得他们所提供的大堆设计参数以便设计参考。接着，尽管你有了科学的设计方案，但技术专家会根据你的设计方案，建议你更换昂贵的发动机为最新发明的氢燃料电池及其超大马力电机，因为这样质子氢比汽油既轻又高效节能低碳；汽车外壳当然要采用纳米材料，因为它们比传统钢铁更坚固、更轻巧。

最后是生产工艺技师根据美学和人体工程学原理，给你提供车身及车窗和门倚的色彩、参数，还提供低成本生产的工艺技术和方法。

上述虚拟的设计过程无疑是云计算根据储备的云存储知识所交付的智能服务，一切都是虚拟的。云计算数据终端所呈现出的美轮美奂、可海陆空三栖运行的 3D 汽车设计模型也是虚拟的。你也可以把虚拟的自己通过该终端置入云计算的设计环境中，此时你可虚拟或仿真地坐在车模内，验证设计指标是否满足科学家提供的设计参数。仿真坐在汽车上，行驶在阿富汗的山路，新疆的罗布泊，或是偶尔会有路边炸弹的伊拉克高速公路；仿真在亚马孙河上泛舟，在中国台湾东岸浅海的珊瑚礁群翔底；仿真你的汽车会航行在城市上空还是会穿越南海上空着陆到新加坡。

这就是升天，虚拟仿真战略性新兴产业的云计算。而这一切都在云计算数据中心及其基础设施、平台、软件这朵虚拟服务的大云中进行。

（二）云计算系统虚拟仿真的技术内幕

云计算系统虚拟仿真内容，包括该系统虚拟仿真的过程、步骤。云计算系统虚拟仿真的主要过程是建立模型并通过模型的运行检验和修正模型，并使之不断趋于完善的过程。运算是在按需交付计算能力的该虚拟物理资源上进行的。云计算系统虚拟仿真主要步骤如下：

1. 系统定义：即提出明确的准则描述系统目标、达到目标的衡量标准、描述系统的约束条件以及研究范围。云计算则根据系统目标交付计算资源。

2. 建立模型：云计算可将真实系统抽象简化、规范化；确定模型要素、变量、参数以及它们的关系；云计算也会提供数学模型商品，供某约束条件下描述研究系统所用。

3. 数据准备：云计算帮助收集数据和决定在模型中如何使用这些数据。收集数据是系统研究的组成部分，必须收集所研究系统的输入和输出等各项数据，以及描述系统各部分之间关系的数据，才能够按照收集到的数据确定模型中随机变量的概率分布和各项参数。

4. 模型转换：运用云计算平台语言描述数学模型，以便用云计算运行研究系统。

5. 验证模型：云计算会提供模型调试的商品工具、验证数学逻辑模型是否反映现实系统的本质，以及模拟模型能否正确实现数学逻辑模型，从而修正模型和调整软件程序。

6. 模型有效性：云计算会使模型的性质和所研究系统的性质尽可能接近，从而达到在一定置信度、确认模型有效性。模型用该平台计算机语言描述后，可通过调试检验模型的有效性。当模型有效性得到初步验证后，云计算可按模拟试验设计的方案进行模拟及结果分析，此时必须再次确认模型的有效性。如果模型有效性不能在指定置信度水平被确认，云计算会重新考虑模型结构及数据的使用，有时甚至会考虑系统的定义。

7. 模型试验设计：云计算系统会虚拟仿真运行的试验条件，包括说明模拟输出结果与控制变量的关系，确定不同控制变量组合及模拟次数，设定系统初始条件等。

8. 模型运行：云计算会按试验设计途径以一系列具体方法反复试验运行，从而得到所需试验结果。

9. 结果分析：云计算会通过模拟结果及其置信区间分析，确认模拟结果的准确度。然后在一定准确度下按照给定的准则分析各种不同方案的模拟输出，得出较优方案，或按给定的准则判定模拟输出是否为预期结果，否则云计算会重新考虑试验设计或构造模型。

10. 建立并交付文件：云计算将模型及输入输出资料以文件存档并交付使用者。

三、战略性新兴产业的物联网

生产实现数字制造技术固然行之有年，但物联网与云计算是广泛而深刻地应用信息网络技术，从而不断推动生产方式从垂直独立到水平聚合的变革，这是工业与信息化深度融合的手段，即"柔性制造、网络制造、绿色制造、智能制造、全球制造日益成为生产方式变革的方向"。下面简要举几个云计算系统虚拟仿真的例子。

（一）物联网柔性制造

以下对一些有代表性的物联网柔性制造方法进行简单说明。

1. 细胞生产方式。因为物联网介入数字制造，从而使其衍生的细胞生产方式具有以下能力：简单应对产量变化，通过标准复制就能满足类似细胞生产的整数倍生产力。细胞生产线可以简单复制在一天内搭建完成，不需要时可简单拆除，节省场地。细胞生产的作业人数少，工位间作业差异小，生产效率高，降低工位平衡难度。细胞生产合理组合，即员工能力组合、产能竞争组合、生产线形式组合。

2. 一个人生产方式。物联网使一人生产成为现实。针对一些作业时间较短、产量不大的产品，打破常规流水线生产，改由每一个员工单独完成整个产品装配任务；同时，由于工作绩效（品质、效率、成本）与员工个人直接相关，提高员工的品质意识、成本意识和竞争意识，促进员工成长。

3. 一个流程生产方式。物联网实现一个流程生产方式，即取消机器间的台车，并通过合理的工序安排和机器间滑板的设置，让产品在机器间单个流动起来。它的好处如下：减少中间产品库存，减少资金和场地的占用。消除机器间的无谓搬运，减少对搬运工具的依赖。及时把加工和装配过程的品质信息反馈到前部，避免造成中间产品大量报废。

4. 柔性设备的利用。一种叫作柔性管的产品（有塑胶的也有金属的）开始受到青睐。从前，许多企业都会外购标准流水线用作生产，物联网可使自己把原有设备简易拼装成为柔性生产线。这种取代比较重新投资而言，其好处如下：柔性生产线首先可降低设备投资 70%~90% 以上。设备安装不需要专业人员，一般员工即可快速完成安装。不需要时可以随时拆除，提高场地利用效率。

5. 台车生产方式。物联网着眼于搬动及转移过程中的损耗，使之实现了台车生产线。通过台车转移工具，一个产品在制造过程中，从一条线上转移到另一条线上，在台车上完成所有的生产任务。

6. 传感生产方式。物联网柔性制造总趋势使每个数字制造设备都达到传感器与执行机构的统一，生产线越来越短，越来越简，设备投资越来越少；中间库存越来越少，场地利用率越来越高，成本越来越低；生产周期越来越短，交货速度越来越快；各类损耗越来越少，效率越来越高。

（二）物联网的网络制造

物联网使网络制造成为一种全新的制造模式，数字化、柔性化、敏捷化为基本特征。以快速响应客户化需求为前提，表现为结构上的快速重组、性能上的快速响应、过程中的并行性与分布式决策。网络制造的关键技术特征如下：

1. 分布式网络通信。物联网使分布式网络通信、异地异构的网络信息传输、数据访问成为可能。由此构成信息处理、交换、传送和通信等网络制造的基础。同时，物联网使网络制造可以提供一种支持成本低、用户界面友好的网络介质，从而解决制造过程中云端互动的困难。

2. 网络数据存取交换。物联网使各种制造企业的大量不同应用系统在实施网络制造过程中能够准确交换和集成这些不同应用系统之间的信息。

物联网使网络制造可以按集成分布架构存储数据信息，包括存储异地分布的数据备份信息，从而可以由云计算数据中心协调统一管理，通过授权实现存取相关集成数据信息（包括有关中心存储的产品开发、设计、制造信息）。

3. 实现工作流管理。物联网使工作流管理实现工作流应用规划和工作流制定服务的统一。物联网使工作流管理建立起从设计到生产的映射关系，使部件分类、装配分类、作业分类,实现从工作流模型到工作流制定实例之间建立映射。

4.应用可信云安全技术。物联网实现可信云安全,物联网传感器采集的信息是可信信息;只要应用可信云安全技术,确保该信息不可伪造、变造、假冒就建立,由此就可建立值得信赖的网络环境,从而使制造企业中以及各制造企业间各种制造信息得以安全交换,可靠传输,不被非法窃取。

（三）物联网智能制造

物联网使智能制造具有以下特征:

1.自律能力的基础是强有力的知识库和基于知识的模型。

2.在智能制造系统中,高素质、高智能的人将发挥更好的作用,机器智能和人的智能将真正地集成在一起,互相配合,相得益彰。

3.特点是可按照人的意志变化,人机结合的智能界面及其智能制造。

4.智能制造系统中的各组成单元能够依据工作任务的需要,自行组成一种最佳结构,其柔性不仅表现在运行方式上,而且表现在结构形式上。

5.智能制造系统能够在实践中不断地充实知识库,具有自主学习功能。同时,在运行过程中自行故障诊断,并具备自行排除故障、自行维护的能力。

第二节　物联网科技

什么是物联网科技?这可以从科学与技术两个层面去解读。首先,物联网就是一门科学,物联网科学是研究物质普遍联系及其运动内在规律的学说。其次,物联网也是一门技术,物联网技术是从技术角度对物联网科学进行验证,是人类利用该规律造福人类自身的方法。

一、物联网是一门科学

物联网是一门科学,原因如下:

自然界的物联网早就客观存在了。从太阳系及其八大行星到银河系等;引力作用把它们维系在一起,使各自星系成为宇宙系统。从分子到氢原子及其核外电子，似粒如波的电子高速绕核运动，以原子为核心亦幻亦真地形成原子、分子系统。

人也是这种物联网的产物。从基因分子及其组成（核苷酸分子）到蛋白质分子及其组成（氨基酸分子）；从神经细胞到大脑中枢组织，联网的物质使之最终形成意识，从而使物质和意识完美地融合于人这个生命智慧系统。

如上所述，这就是物与物相联的系统，就是物联网科学。因为物联网科学是研究物质普遍联系及其运动内在规律的学说，因此物联网科学的组成涵盖非常广阔，包括数学、物理、化学，信息科学、生命科学、纳米科学。

这里，以前哲学的殿堂，现在是物联网科学驰骋的疆场。虽然哲学教科书也开宗明义，世界是物质的、物质是普遍联系的；但物联网是可测量验证的科学，从物质产生到生命起源，从物质和意识的关系到情绪测量和美的计算。哲学不过是一些假设，物联网却是事实。

二、物联网是一门技术

自然界的物联网早就客观存在了，物联网技术只不过是该科学在人脑的反映和技术表现而已。至于物与物相联是采用物理的、化学的，又或采用其他方式连接，都无关紧要。人类以物联网科学对客观普遍联系的认识，人为地用物联网技术实现物与物的相连。

物联网技术是人的智能实现技术，它是包括识别、感知、智慧的技术，而且生命乃至本身的智能也是物联网技术的一部分。物联网技术应用于测量、计算等模式识别技术领域，以及传感、通信、信息采集与处理等计算机和通信领域。

云计算时代来临，物联网技术定义又与时俱进，即物联网 = 云计算 + 泛在网络 + 智能传感网络。其中，ITU 把泛在网络描述为物联网基础的远景。泛在网络由此成为物联网通信技术的核心。已有的泛在网络技术包括 3G、LTE、GSM、WLAN、WPAN、WiMax、RFID、Zigbee、NFC、蓝牙等无线通信协议和技术，还包括光缆和其他有线线缆的通信协议和技术。

尽管"物联网技术"的概念是国际电联 2005 年提出的，但是，从物联网技术为人津津乐道起，该技术就已成为验证该科学的手段和方法。

第三节 物联网的四大关键技术

国际电联报告提出，物联网有 4 个关键性应用技术：RFID、传感器、智能技术以及纳米技术。因为 RFID 技术已经众所周知，故本节先介绍其他 3 项关键技术。

一、物联网关键技术之传感技术

（一）传感器是人类五感的延伸

如果说计算机是人类大脑的扩展，那么传感器就是人类五官的延伸。

传感器技术：人类感觉器官的理解传感器就是能感知外界信息，并能按一定规律将这些信息转换成可用（电）信号的装置。

1. 人类感觉器官及其协同感知特点。人是通过视觉、嗅觉、听觉及触觉等感官协同感知外界信息的。感知的信息通过大脑分析综合即协同处理，形成概念、判断、推理等思维和意识等过程，该过程再以人的意志做出相应的动作，这是人类具有的认识世界和改造世界的最基本的本能。

人的五官是功能非常复杂、灵敏的"传感器"，如人的触觉是相当灵敏的，它可以感知外界物体的温度、硬度、轻重及外力的大小，还可以具有电子设备所不具备的"手感"，如棉织物的手感、液体的黏稠感等。

2. 物联网传感器的特点。传感器由敏感器（敏感元器件）和转换器（转换器件）两部分组成。

（1）敏感器。有的半导体敏感元器件可以直接输出电信号，本身就构成了传感器。敏感元器件品种繁多，就其感知外界信息的原理来讲，可作以下分类：

物理类：基于力、热、光、电、磁和声等物理效应。化学类：基于化学反应的原理。生物类：基于酶、抗体和激素等分子识别功能。

根据基本感知功能通常可分为热敏元件、光敏元件、气敏元件、力敏元件、磁敏元件、湿敏元件、声敏元件、放射线敏感元件、色敏元件和味敏元件10大类。

（2）转换器。它是将敏感器感知的外界信号转换为电信号的元器件。最基本的转换器模拟敏感器变化，输出模拟电信号，在此基础上也可以应用数字化 A/D 技术，使其输出数字电信号。

（二）人所不能的传感器特性

人的五官感觉大多只能对外界的信息作定性感知，而不能作定量感知。而且通过人的五官感知外界的信息非常有限，有许多物理量则是人的五官所感觉不到的。举例如下：

1. 磁性：人类仅靠感觉器官无法直接感知磁性。

2. 视觉：人们可以感知可见光部分，对于频域更加宽的非可见光谱则无法感觉得到，如红外线和紫外线光谱是客观存在的，人类却视而不见。

3. 触觉：人们不能感知超过几十甚至上千摄氏度的温度，而且也不可能辨别温度的微小变化。

为此，需要电子设备的帮助。借助温度传感器很容易感知到几百到几千摄氏度的温度，而且要做到 1 摄氏度的分辨率也是轻而易举。同样，借助红外和紫外线传感器，便可感知到这些不可见光，所以人类才制造出了具有广泛用途的红外夜视仪和 X 光诊断设备。

二、关键之纳米技术：分子物联网计算"生命是什么"

这里以即将实现的"碳"智慧计算机的设计实现为例说明。

（一）21 世纪最伟大的发现之一

使用谷歌进行"苯分子晶体管"关键词搜索，可以发现以下消息：美国耶鲁大学 12 月 23 日发表新闻公报称，该校及韩国光州科学技术研究院科学家最近合作制成世界上首个分子晶体管，制作分子晶体管的材料是单个苯分子。相关论文发表于 2016 年 12 月 24 日的《自然》杂志。

单苯分子晶体管借助分子能级进行导电，通常可用外加光、电场调控分子的部分结构，或用横向门电压来改变分子能级位置，进而达到控制分子电流的目的。

耶鲁大学的科学家采用通俗的语言表示，"就像把一个球向山上滚动并越过山顶，球代表电流，而山的高度表示该分子的不同能态，横向门电压能够调整山的高度，使它在处于低位的时候允许电流通过，而在高的时候则阻止电流的通过"。

1. 单苯分子晶体管与普通晶体管类似。是以"碳"元素为核心的单苯分子晶体管模型和以"硅"元素为核心的普通晶体管模型，两者在功能和表示方法上没有本质区别。

2. 构建单苯分子晶体管计算机系统。任何一个 IT 人士、任何一个具有数字电路基础知识或计算机集成电路常识的人都可以理解，通过该方式就能像使用普通晶体管一样地使用这个分子，以此去构造类似普通晶的闸电路、触发器、存储器、运算器、控制器，直到构成一个计算机系统。

问题是采用现有的微电子工艺技术都不足以构建单苯分子晶体管电路。但是，人类可使用纳米科学技术、分子生物学技术、计算机科学及其信息技术，通过物联网科技操控基因重组和细胞克隆以及基因表达与蛋白质生产与自组织工程等技术，就可以达到制造或构建单苯分子晶体管计算机系统的目的。

（二）21 世纪撼动人心的发明方案

任何一个具有分子生物学常识的人都可以发现，组成生命蛋白质的 20 种氨基酸中，有 3 种氨基酸天生就挂载有苯分子晶体管的结构件，由此，可以形成生命计算机的设计方案。

1. 生命计算机设计方案的技术特征。采用其中一种挂载有苯分子晶体管结构的氨基酸组装蛋白质多肽链，形成挂载有苯分子晶体管的纳米线；按纳米计算机零部件内在逻辑关系，折叠该纳米线，使之成为以苯分子晶体管为基础的纳米计算机零部件蛋白质；最终按纳米计算机内在逻辑关系，构成纳米计算机。上述发明可以写成如下发明专利技术说明书：

生命计算机发明专利技术说明。一种苯分子晶体管构成的纳米计算机系统。该苯分子晶体管可用外加光、电场调控该分子的部分结构，包括用横向门电压来改变分子能级位置，进而达到控制分子电流的目的；该苯分子晶体管采用基因重组技术，经由挂载氨基酸装配成为蛋白质纳米计算机部件。

最终由这些蛋白质纳米计算机部件，组成纳米计算机系统。该纳米计算机系统是由蛋白质纳米计算机部件按现有计算机系统部件内在逻辑关系组装、构建、装配完成的，因此，该纳米计算机系统能够像现有计算机一样，在光照或电磁场供能情况下，通过光照或电磁反应输入 / 输出设备，经由专业程序员编程操作。

2. 生命计算机原理推论。这也证明了人类已久的猜测：组成生命的蛋白质系统，本质上是计算机系统。因为这种计算机系统是经自然界自组织装配形成，非人类设计，故不能编程操作。但我们的人造简化版本，是人用氨基酸苯分子晶体管组装实现的，因此能人为编程操作。生命怎么产生，生命计算机也怎么产生。

（三）基于物联网科技的生命理解

经历了前面的过程，一切已经明朗。

1. 从知识到智能的理解。一种苯分子晶体管最终可以构成的纳米计算机系统。该苯分子晶体管可用外加光或电调控该分子的部分结构，包括用横向门电压来改变分子能级位置，进而达到控制分子电流的目的。该苯分子晶体管采用基因重组技术，经由该挂载氨基酸装配成为触发器、锁存器、运算器、存储器等蛋白多肽纳米计算机部件。最终由这些蛋白多肽纳米计算机部件组成纳米计算机系统。综上可以理解从一个单苯分子晶体管到该纳米计算机系统智能的过程。

2. 理解生命的史诗。具有苯分子晶体管的氨基酸最终可以构成的生命计算机系统。已知的 20 种氨基酸都构成为生命计算机系统的零件，这些氨基酸有的因挂载有苯分子晶体管，从而能为外加光、电所调控；有的因挂载有正或负电子，从而能为该分子晶体管接入电能；有的因为挂载有极性分子，从而能作为导线甚至电阻、电感、电容等连接该分子晶体管；有的因为挂载有非极性分子，从而能作为该结构件构建机械。

这些氨基酸零件最终为自然界的基因重组和克隆技术，通过细胞等基因工程组装成生命计算机的一系列蛋白多肽组件。这系列蛋白多肽组件，可以说种类繁多、品性俱佳。这些蛋白多肽组件因内含有氨基酸零件的信息，最终自装配成为生命计算机系统的一系列蛋白质部件；这系列蛋白质部件作用各异、功能强大。这些蛋白多质部件因内在包含有基因信息表达的接口，最终自装配成为简单生命计算机系统；这些简单生命计算机系统最终自组织为复杂生命计算机系统。这就是生命的史诗。

（四）批判克雷格·文特尔

2010 年 5 月 20 日，美国科学家克雷格·文特尔在《科学》上公布了创造出历史上首例"人造单细胞生物"的消息。其方法包括首先选取一种名为丝状支原体的细菌，对其基因组进行解码并复制，产生人造的合成基因组。然后，将人造基因组移植入另一种称为山羊支原体的细菌，通过分裂和增生，细菌内部的细胞逐渐为人造基因所控制，最终成为一种全新的生命。

但是，有相当一部分科学家认为，文特尔只是部分合成了现有细胞，并未跨越"无中生有、创造生命"的界限。波士顿大学生物医学专家詹姆斯·柯林斯也表示,这不是一种人造生命形式的诞生,它只是一个带有人造基因组的生物体,而非人造生物体。

而上述从单苯分子到具有单苯分子的氨基酸,从具有单苯分子的氨基酸到具有计算机功能蛋白质:以特定氨基酸为载体、以特定的基因片段,组装成特定的蛋白多肽,以此为基础即可制造生命计算机系统,即可"无中生有、创造生命"。

需要说明的是,云计算的用户端并非一定是"硅"计算机系统,也可以是"碳"计算机系统,即由单苯分子晶体管构成的生命计算机系统。

三、关键之智能识别技术:识别计算"美是什么"

美是什么? 美学家们分为两派;一派是美的主观论者,一派是美的客观论者。如果你并非一个美学家,但不妨成为一个机会主义者;因为从物联网与云计算的角度观察美学家们有关美是什么的争辩,你会对两者思辨分歧想入非非,甚至有趁火打劫的意图。

（一）美的本质思辨

美学家们有以下几种对美的本质的思辨,会使人顿悟,且不时会有灵感闪现。

1. 美是需求的实现。提出"美是需求的实现"该观点的人,一般可印证他是主观美学家。该派美学家认为,生命系统都具有实现需要的本能,美是生命系统实现需要的驱动力;简单生命系统有其简单的美,复杂生命系统有其复杂的美;实现低层次生命需要后,还有更高层次的需要有待实现;美的层次扩展到群体,呈现道德的形式。

2. 美是愉悦的成分。提出"美是愉悦的成分"该观点的人,一般可印证他是客观美学家。该派美学家认为,事物首先必须具有令人愉悦的成分,然后才有事物欣赏者审美的愉悦,同时受审美愉悦的道德约束。这种客观美学家,其观点使人感觉如迷雾一般诡异莫测、难以捉摸,但时时透露出政治的形而上学气质。

3. 美是真、善、美的测量和计算。如果你不能判断美是主观还是客观的,但你是否会灵感闪现,觉得这是一个机会,因为你可以从物联网与云计算角度提出以下观点,从而收割主客观理论成果的闪光点。"美是真、善、美的测量和计算"这观点当然不是无的放矢,因为无论美是主观需求的满足,还是客观具有愉悦的成分，但如果美真实发生了，则该"真"一定是可以科学测量与计算的"真"。仅仅用此美学理论推断到彼美学理论，并不是科学的方法。重要的是，美应该具有科学实验的方法。

殊途同归。不论美学家如何认为，如可用物联网与云计算为武器，把对立的理论统一到测量上面，不仅可以进行个体实验，还可进行群体统计（上升为道德规范）。如果你如此做了，则所有美学家都会大吃一惊，问"美难道可实验吗？"

使美学理论成为科学，以下科学实验是一个有效的途径。

（二）"感时花溅泪"的实验

"感时花溅泪，恨别鸟惊心"，动、植物的美感是可以测量的。

1.植物美感测量的场景。植物美感测量的照片，呈现了"植物借助传感器和计算机写博客"的故事。

该故事来自谷歌对应关键词的搜索，你可边展开故事资料，边阅读其中的内容，"写博客可不一定是人类的特权，日本神奈川县一株会写博客的植物通过固定在它叶片上的传感器和计算机程序的帮助，每天在博客上记录自己的好心情或坏心情"。这株养在神奈川县镰仓市一家咖啡厅柜台上的心叶球兰取名为"绿"。来自庆应大学的科研人员在"绿"的叶子上安装了传感器，以收集它所发出的电信号。电脑每天对电信号和当天的天气、温度等情况进行综合分析，自动生成一篇"植物心情日记"发表在"绿"的博客上。在"绿"的博客上，10月16日的日记这样写道："今天是个大晴天，我晒了个日光浴……今天我非常开心。"庆应大学研究人员栗林聪说，"这项实验旨在帮助人们了解植物的内心世界"。他表示"我们对植物的感觉感兴趣；它们以肉眼不可见的方式做出心情好或坏的反应"。故事的意义：生物个体的美感是可测量的，且这就是美学的实验科学。

2.无创大脑物理测量技术。植物美感的测量固然有植物美感测量传感器。但是测量动物甚至人类大脑，是否有相应的传感器。答案是肯定的，这就是无创大脑物理测量传感器。

无创大脑物理测量传感器，辅之以物联网与云计算就构成无创脑科学实验研究和验证的手段，这是脑功能物质和思想运动过程的可视化工具。到目前为止，这里列举主要无创伤脑功能成像工具及其技术与装备，相关传感器及其装置包括如下：

功能磁共振成像（FMRI）：是利用脑活动区域的神经元兴奋氧耗与血流增幅不一致，从而实现大脑成像的机制。

神经电脉冲或磁脉冲测量传感装置。例如，脑电图仪（EEG）、脑诱发电位（ERP）和脑磁图仪（MEG）等。

核医学成像传感装置：主要有脑测量正电子发射断层成像（PET）和单光子断层成像（SPECT）装置。

另外，近红外光学成像的成像深度还不够大，但是观测脑皮层的工作已经可以进行。

3.大脑意识形态测量研究原理。意识形态是否可以测量、计算？答案当然是肯定的。意识形态就是大脑工作的物理状态。例如，看到美或丑，大脑会呈现各自不同状态。

目前，发达国家纷纷使用开放式和封闭式的脑功能核磁共振仪，对大脑意识形态进行测量研究。超导脑功能核磁共振仪的时空分辨率已经达到毫秒级和毫米级。而这恰恰是大脑皮质下功能柱的大小。这表示我们可像摄像头获取人脸图像一样，非接触地获取大脑图像。

接下来的事情已经是图像模式识别技术的问题。例如，我们可以通过事件技术，把在研究对象的感觉器官前端绑定刺激装置一方面在该前端观察研究对象受刺激的反应，另一方面在后端记录脑功能核磁共振仪受刺激皮层的大脑图像。

由此，我们可建立一系列图像模板，进而通过模式识别技术可识别刺激的意识形态。

4.科学意识形态研究的意义。脑功能成像是对大脑工作时该意识形态真实信息的获取，比其他方法更加直观、更加可靠地观测到大脑工作时的意识形态情况。观测意识形态比任何逻辑推理、科学思辨更加可靠地揭示大脑物质和精神运动的客观规律。

可以毫不夸张地说，人的意识形态成像、生理和心理成像使得本来只能靠推理才能进行的研究工作现在转而进入了实验检测的科学验证阶段。

（三）测量美的本质

尽管至今为止的科学证据表明，人是太阳系内的宇宙中唯一存在的高级智慧动物，大脑及其功能是高级动物智慧的标志。人脑的复杂性及人类智慧科学的深度和广度之浩瀚，是迄今为止没有任何其他科学可以与之比拟的。但是"只要有测量生物感觉的传感器，只要使用模式识别技术测量生物的感觉，我们就可以识别生物对刺激物、环境改变的感觉信息"。针对生物可以形成美的测量变通方法，可以按刺激物对生物是否有利的方法进行。先把刺激物划分为对生物极端有利、极端不利两种。再把刺激物划分为对生物较为有利、较为不利两种，剩下一种中性的，从而形成测量生物五种刺激感觉的单因素分析法。

把针对生物测量方法推广到人，以测量人为对象，形成美的测量变通方法。包括采用上述无损采集大脑感觉刺激因素的核磁共振图像，从而获知反映该感觉的数据信息，进而采用模式识别技术，及其比对预留模板的过程，识别该感觉的种类。对美感模式识别技术及其管理和控制原理讲解如下：

1. 人类美感采集。可以通过穿戴式计算机屏幕输出美感刺激因素刺激大脑，同时采用大脑信息传感头盔作为传感器无损采集大脑传感信息，或用核磁共振无损采集大脑刺激因素的感觉图像，输入物联网智慧云计算数据中心，由此对美感采集的大脑信息传感图像进行智慧的云计算。

2. 人类美感预处理。通过智慧预处理云计算，清除非刺激因素引起的干扰影响。

3. 人类美感测量。采用刺激物二极化的刺激因素划分方法，按单因素分析法测量刺激感觉的种类，从而获取人类个体的单项美感测量。例如，美好刺激物的感觉图像测量、丑恶刺激物的相应测量。

4. 个体美感模板计算和存储。统计同一个体多个单项美感的采样数据，并进行均衡计算，存储该个体美感平均值。

5. 群体美感模板计算和存储。统计不同个体多个单项美感的采样数据，并进行均衡计算，存储该群体美感平均值。

6. 美感道德计算。综合群体单项美感模板为多项美感模板，其整体即为人类美感道德（模板）。

7. 美感意识和意志计算。美感意识和意志计算即美感模式识别计算，包括对最新刺激的美感进行采样，并把该美感采样与人类美感道德模板进行比较：如果一致在误差范围内，则属于美感范畴；如果远远小于人类美感道德模板值，则属于丑感范畴；如果远远大于人类美感道德模板，则属于美感更新范畴。

8. 美感管理和控制。美感管理和控制即美的操作系统运行，包括不断扫描美感刺激采集传感器，进行美感模式识别计算，对环境的美感刺激因素变化做出反应，使环境的变化向美的趋势发展。

（四）美学成为科学

也许有人会非常固执地认为，上述测量美学理论是沿袭实验美学理论发展而来的。因为，所谓的实验美学是运用心理学和物理学中的定量分析法来测定某些刺激物所引起的人的审美感受的学科。

1.实验美学成为历史。该学科的开创者德国心理学家费希纳（1801—1887）宣称，他所开创新的美学研究领域是一种自下而上的美学，遵循的方法是从特殊到一般，而不是像传统的形而上学美学那样从一般到特殊或自上而下。

费希纳认为，所谓自下而上，并不是指美学应建立在哲学家个人的美感经验之上，而是说应该采用实验的方法，系统地研究和比较许多不同的人的美感经验。

实验美学开始仅是试图发现种种令人愉快的简单形式。例如让被测试者从一大堆几何图形中选择出自己所喜爱的图形（选择法）；让被测试者提笔画出自己喜欢的图形（制作法）；测量人们常用的或喜欢用的东西的大小比例（常用物测量法）等。这些简单的实验得出的结论是：人最不喜欢的图形是十分长的长方形和整整齐齐的四方形，而最喜欢的图形是比例接近于黄金分割的长方形。

2.美学成为科学的必然。随着这门学科的发展，它所使用的方法和测定美感经验时所用的刺激物也逐渐复杂。例如，采用自由描写法让被测试者把自己观看一幅画或一个音乐节目时的感受细致地描写出来；用表现法来检查被试者对于一种美感经验在物理上和生理上的反应：脉搏和呼吸、模仿动作，确认触发的运动。

尽管实验美学取得了一定成就，但它的局限性显而易见。因为实验美学是通过被测试者坦白或告白才实现臆测性质的心理学和物理学定量分析的；而上述的测量美学理论是通过科学实验设计和科学实验测量实现的，两者有明显的差别。当时没有形成美的科学是因为没有条件和工具，因此探测美的本质也无从说起。有了必要的条件和工具，即可把美的主观和客观对立统一为美的科学。

第四节　云计算技术

当我还在睡梦中，忽然发现自己被五彩祥云团团包裹。在五彩祥云的包裹中，我漫步云端，感觉风光无限。

五彩祥云是吉祥之兆，因为我还梦到了七彩凤凰。我想起《凤凰涅槃》：一切都变得"新鲜""明朗""华美"，一切都变得"生动""自由""开放"。我向凤凰大声呼唤，而包裹我的云居然传递了她的回响：宇宙新生了、世界新生了、中国新生了、自我新生了。我可以随心所欲流泻感情，我也可以不拘一格表述思想。这是多么美好的世界！我几乎要从睡梦中笑醒。但我也非常自责：为什么以前我们没有这样想。从远处看地球，世界本身就覆盖着巨大的蓝云。过去的互联网是虚拟的世界，现在云计算却用物联网把真实世界融合进来了。

一、五彩祥云的战略与战术

如果说美的云计算犹如天上的五彩祥云，那么物联网之美的云端计算就犹如美化人间的七彩凤凰。著名文学家郭沫若以《凤凰涅槃》寄托了新中国如凤凰重生的诗人想象，而云端互动的美丽计算就是中国机遇的呼唤与回响。

以下从感情丰富的五彩祥云、七彩凤凰的云端回响、中国机遇的呼唤与回响进行说明。

（一）感情丰富的五彩祥云

B教授，这位培育了数十位博士、近百位硕士的博士后导师向我描述了一段云计算令人难以启齿的机密。

1. 来自商业竞争的技术秘密。B教授在纸上画了一朵云，在云的下方画了一个PC端、上方画了一个网站服务器。我发觉这是一个最简单的B/S架构，这朵云就代表从端到网站的互联网通路。可是他却说云计算的概念就是各路神仙从这朵云获得启示而发明的。

最为重要的是三路神仙，他们分别是互联网通路商、互联网内容商、互联网软件商。前者是宽带网络运营者（如电信、联通、移动、广电等），中间者是网站运营者（如谷歌、阿里巴巴、百度等），后者是软件运营者（如微软、IBM 等）。

可是这三路神仙发现，他们之间谁都可以把另外两方的物理资源虚拟成为自己的基础设施，而且在此基础上还可以构建管控该基础设施的管理平台（无须管理时还可以释放它们），同时还可以为自己平台的软件开发人员提供网上商店代售该平台应用软件。

于是，技术的焦点集中在谁能够高效率地融合对方，就能给人感觉他可以强有力地提供一统天下的基础设施即服务、平台即服务、软件即服务，或换言之，即云计算服务。

B 教授指着纸上这朵云说，因为互联网用户在终端上只感觉无论哪方都可提供类似云计算的服务，因此这三路神仙就鼓吹自己不仅能提供强大的网站平台服务，又能提供包括通路等强大的基础设施范围，还能提供无所不能的互联网软件服务。

B 教授面带愧色地说，这就是云计算的观念，大家都向互联网用户吹嘘自己才拥有高贵的云计算技术，并且使用美丽的云去掩盖背后的商业垄断竞争。

2. 祥云工程和云海计划。我早先怎么也没有从 B 教授画云的纸上看出，高贵的云计算服务下面掩藏着平民的基础设施即服务、平台即服务、软件即服务。而 B 教授则认为云计算只要诞生在儒教的华人圈，大家就会以"和"为贵；没有了激烈的竞争，云计算就成为五彩祥云，海纳百川。

（1）祥云工程。"祥云工程"作为北京市发展战略性新兴产业的重要工程，将以云计算技术的兴起为新契机，抢占新的战略制高点，全面优化和提升北京信息技术产业，使北京成为中国乃至全球的云计算中心。"祥云工程"的目标是形成技术、产品和服务一体化发展的产业格局，发展一批高效能、高安全、低成本的云服务，聚集一批世界领先、全国领军的云计算企业，形成一批创新性的新技术、新产品、新标准。到 2015 年云计算的 3 类典型服务（IaaS、PaaS、SaaS）已形成超大的产业规模，带动产业链形成惊人的商品产值，使云计算应用水平居世界各主要城市前列，成为世界级的云计算产业基地。

（2）云海计划。云海计划是由上海正式发布的。该云计算的最终目的是降低运算的成本。采用这些方式将会很大程度上降低云计算中心的运营成本，上海市计划数年内实现上海在云计算领域"十百千"发展目标，加快推动本市高新技术产业化。到 2012 年上海将培育 10 家销售额超亿元的云计算技术与服务企业，建成 10 个面向城市管理、产业发展等领域的云计算应用示范平台，并且推动 100 家软件和信息服务业企业向"云服务"企业转型，同时带动全市信息服务业新增经营收入 1000 亿元，培养和引进 1000 名云计算产业高端人才。

3. 服务于战略性新兴产业的战术。平步五彩祥云间，到处是玉宇琼阁、海市蜃楼，过去神仙、上帝为所欲为的场所，现在已经是人类腾云驾雾的地方。俯身鸟瞰人间，信息网络技术推动柔性制造、网络制造、绿色制造、智能制造、全球制造全面发展，已日益成为生产方式变革的动力。

五彩祥云是战略性新兴产业的计算，战略性新兴产业的力量是巨大的云计算生产力，当云计算的五彩祥云把我们团团包裹，机器围绕人生产思想就能够集中完美地得以表现。

（二）七彩凤凰的云端回响

物联网的云端计算原理中，云计算管理平台是云计算及其数据中心的"大脑"，既管理该物联网用户的云计算服务定制申请的接入，计算处理接入定制服务的内容，还组织协调数据中心内外网的服务节点，经管理节点制作或加工定制服务内容，然后交付所提供的该端用户定制服务。

相关节点包括泛在网络中的传感器、泛在网络终端，以及连接大地、海洋、天空乃至宇宙各种事物的各类感知和控制计算机系统（例如工控机系统、嵌入式系统、专用服务器系统及其基础设施）。可以列举的基础设施是云计算数据中心和终端基础设施、网络基础设施。

在这里这些基础设施都已虚拟化为云计算的基础设施。云计算的三大基础设施甚至可以是整个世界、在互联网中所有互联的云计算数据中心和终端基础设施、网络基础设施。

数据中心的云计算管理平台给端用户的印象是一台超级计算机，拥有无穷的服务资源，来满足端用户的定制服务需求。而实际上，该服务资源即数据中心内外网的服务节点。只不过由该平台组织协调，从而按用户需要交付服务的虚拟为超级计算机而已。

有人讲，物联网云端计算原理示意图非常像一只腾飞的凤凰。这是一只七彩凤凰，因为当五彩祥云成为云海普惠，只要你向凤凰大声呼唤，而包裹你的云就会传递了她的云端普华回响，心想事成无不可能。

当然，最现实的、最简单的云端计算服务就是这样实现的。

1. 首先经用户端，用户登录云服务数据中心的"网页"，单击"网页"服务内容，经由"链接"传递，申请定制服务的请求接入该数据中心的云计算管理平台。

2. 然后该管理平台组织协调服务节点制作定制服务，并交付该端用户。云端计算的系统战术特性给物联网云计算的战略模式带来了无限遐想的空间。

（三）中国机遇的呼唤与回响

从来没有人这样给我指路，"美国馆在美洲广场，从 8 号门接入然后右手转弯"。我正站在 6 号门的中国馆门口，B 教授却如此告诉我美国馆在上海世界博览会的位置，"也可从中国馆向西，穿过卢浦大桥沿'世博'大道经欧洲广场进入美洲广场，这就是美国，但是她已经浓缩为美国馆。这是实现美国的逻辑映射"。

当时，我并没有问万科和思科公司的方位。尽管我猜测这两家企业（全球最大住宅公司和全球最大网络设备商）的当家人目前也许正襟危坐在震旦馆提供的中国古玉椅子上，喝着可口可乐馆提供的时尚饮料，且眉来眼去地想勾搭成为世界上最大智能家居设备制造商和提供商。所以很想要 B 教授陪我去探访。

可是我意识到提这样的要求太唐突，因此并没有提出来。B 教授指着"世博会"沙盘图片告诉我，这就是全球化的缩影："可以把中国馆看成全球化的世界云计算平台，世界各国馆及其企业馆可看作接入该平台的节点映射；节点映射所及的实体，即各国组成的世界是矩阵中一个个节点的集合，国家节点里还包括其子矩阵：企业节点群。由此，通过中国馆可以掌控世界各国及其企业。"

"每个中国人都可以利用全球化的云计算平台公平地争得一席之地。"他如是说。

我目瞪口呆，只能望着灯火辉煌的黄浦江畔夜景，仿佛置身于哈得孙河畔夜景。我心里明白，这里不是美国的纽约，但也不像是前几年的上海。

二、云计算的融合服务模式

无论是谷歌和微软的云计算办公软件的卡位之争，还是移动手机支付与网银手机支付的战争，甚至电信与广电制播权的抢夺，再有是 360 对 QQ 的讨伐，把基础设施即服务、平台即服务、软件即服务进行融合，或换言之进行云计算的融合服务模式已经是大势所趋。

（一）基础设施即服务（IaaS）

对于传统的电信营运商来说，托管是他们的重要商业模式。但现在他们转向 IaaS，因为他们认为自己具有最庞大的基础设施。不过，非电信运营商也异口同声能提供 IaaS，因为 IaaS 为用户提供按需付费的弹性资源服务，典型代表技术是虚拟化。因此虚拟化技术改变了 IT 平台的构建方式和 IT 服务的提供方式，谁都可以提供 IaaS。

虚拟化技术能将一台物理设备动态划分为多台逻辑独立的虚拟设备，为充分复用软硬件资源提供了技术基础；还能将所有物理设备资源形成对用户透明的统一资源池，并能按照用户需要生成不同配置的子资源，从而大大提高资源分配的弹性、效率和精确性。虚拟化技术的迁移功能提升了平台的冗余可靠性和资源调度的灵活性，并可有效降低整个服务器集群的能耗。

IaaS 的典型融合应用如亚马逊的云计算服务。该公司并非传统电信运营商，却通过把集约化的 IT 平台资源开放给广大用户，客户以很低的门槛拥有所需的 IT 资源。经向用户出租 Linux 或 Windows Server 2003 开发平台及其数据加密存储空间，从而使该用户能如以前在托管服务器上一样，扮演互联网服务企业的角色，而服务却明显节约许多。

（二）平台即服务（PaaS）

经典的 PaaS 仅指适用于特定应用的分布式并行计算平台，如 Google、微软、IBM 等。广义的 PaaS 涵盖了更多的底层技术，只要这些技术符合云计算的技术特征，如百度、360、腾讯、飞信、基于阿里巴巴的阿里旺旺等。更广义的 PaaS 基本上不考虑技术，而只考虑商业模式，如 B2C 的物流平台、淘宝网商务平台。

还有一类 PaaS 主要由传统的 IT 厂家推动，如苹果、英特尔、惠普、戴尔等，可谓生气勃勃、万马奔腾。总体而言，PaaS 技术门槛较高，成熟的商用平台性产品包括 Android、iPhone、iPad（它们同时具有软件即服务的功能）等。不同的 PaaS 技术都有自己独特的适用领域，各个 PaaS 技术和产品对自己在产业链中的定位有非常大的差异。

（三）软件即服务（SaaS）

从云计算的商业模式角度看，SaaS 的主要特征是给用户提供以网络为中心、以产品为服务形态且按需使用与付费的服务。基于可扩展云架构的按需定制和交付的服务软件改变了用户获得软件服务的商业模式和建设模式，大大降低了用户信息化的门槛。

SaaS 技术存在多种实现方式，如网上办公工具、聊天器、电影电视播放器等，不同方式的技术难度和成熟度又不尽相同，呈现百花齐放、百家争鸣的格局。那些相对成功的云计算运营商有苹果、Google、微软、Amazon、HTC 等。

第五节　云计算的关键技术

云计算的关键技术是智能基础设施技术、智能计算平台技术与智能知识存储技术。

其中，智能基础设施技术是各类物理资源的智能基础设施虚拟化，包括智能虚拟一切可以连接的物理资源、采用智能计算平台技术弹性管理该虚拟的基础设施资源，并按用户需要智能交付该对应的计算资源；由此实现不浪费资源的节能智能基础设施技术目的。

智能计算平台技术的核心是云计算的智能操作系统，智能知识存储技术的核心是云计算的知识存储组织。当然，云计算部署与云端互动服务技术也很重要。

一、智能基础设施技术全景

智能基础设施技术的全景，自下向上包括物联网层基础设施，服务器、存储设备、网络设备等物理层互联网基础设施，虚拟服务器、虚拟存储器、虚拟网络及分布式存储系统等数据中心虚拟层；监控和安全及计费、动态部署和调度及容量规划等平台管理层，各类应用业务层。

（一）物联网层基础设施

物联网层包括机器人等是云计算落地并服务各类战略性新兴产业的基础设施。不同类型的战略性新兴产业，无论是新一代信息技术产业，还是新能源产业、新材料产业、高端装备制造产业、新能源汽车产业、生物产业、节能环保产业，只要配置对应相关的物联网层基础设施就能够实现该战略性新兴产业的落地生产、经营和技术服务。

（二）物理层互联网基础设施

物理层互联网基础设施资源可以说浩瀚庞大。该服务器、存储设备、网络

23

设备等 IT 物理资源包括宽带网络运营者（如电信、联通、移动、广电等）基础设施、网站运营者（如谷歌、阿里巴巴、百度等）基础设施、软件运营者（如微软、IBM 等）等基础设施。

云计算的奇妙之处在于可以把这些资源都虚拟成自己的基础设施。

（三）数据中心虚拟层

数据中心虚拟层是通过虚拟服务器、虚拟存储器、虚拟网络及分布式存储系统及其虚拟技术把物联网层基础设施、互联网基础设施的物理层，统统虚拟成自己数据中心的组成部分；由此使用户感觉自己数据中心非常强大。

事实上，该数据中心就是通过如此低成本的投入向用户提供该基础设施即服务的。

（四）云计算平台管理层

云计算平台管理层是通过智能计算平台技术实现监控和安全及计费、动态部署和调度及容量规划等平台管理层内容的，并采用弹性管理该虚拟的基础设施资源，且按用户需要智能交付该对应的计算资源，由此实现不浪费资源的节能智能基础设施技术目的。

智能计算平台技术的核心是云计算的智能操作系统。

（五）云计算应用业务层

云计算应用业务层一方面向云计算软件开发者提供云计算平台，以便软件开发者采用该云计算平台开发并部署相关应用软件，实现软件即服务的商业模式；另一方面还向云计算用户提供基础设施及服务、平台即服务等云计算服务使用业务。

二、云计算的智能操作系统

云计算的系统结构与云计算操作系统运行环境及管控对象。该云计算的系统结构分为上下两个部分。上部云状图示包括管控计算平台和应用计算平台，同时可以提供管控服务以及组网、存储、日常等应用服务，由此构成云计算的数据中心。

该系统包括各种服务器及其操作系统、PC 及其操作系统、移动设备及其操作系统、其他用户识别及其操作系统，由此构成云计算的数据终端。

从云计算操作系统运行环境的角度看，云计算的数据中心与终端只是相对而言的，因为数据中心是提供数据服务的一方，数据终端是申请数据服务的另一方。

需要说明的是，数据终端也是广义的，如该数据终端之一的服务器及其操作系统本身也可以是另一个云计算的数据中心，只要该基础设施足以支撑其提供服务；当然，所提供的服务是相对另一些数据终端申请的服务而言的。

云计算操作系统的管控对象，包括数据中心和数据终端，还包括广义的数据终端，如其他云计算数据中心的连接、物联网终端的连接以及一般互联网用户的上网接入访问，并提供管控和应用平台及其组网服务、存储服务、日常服务等管控。

（一）管理和应用平台及其服务云计算

管理控制系统即云计算操作系统，该系统通过管理和应用平台对整个云计算系统进行管控；管控对象包括云（数据中心）端（数据终端）结构，还包括对其所提供的所有服务进行管控。该平台内含管控服务集，提供系统开发、服务寄宿和服务管理的环境。

同时，管理和应用平台及其管控服务还包括节点配置器和组织器，提供基于互联网云计算的按需应用开发和管理。

1. 管理和应用平台的内容。上述管理和应用平台及其管控服务一方面帮助开发者在云计算的数据中心快速和简单地创建、部署、管理和发布基于服务及应用的程序，另一方面通过该数据中心为开发者提供按需的计算能力和存储能力，以便寄宿、扩展和管理服务和应用的程序。左边圆圈内的内容是高端制造的管理和应用平台所包含的内容，它们通过该图中虚线引致放大到左边圆圈内，以便进一步用细分图示说明。云计算操作系统同时兼具管控和计算、存储、配置，以及服务组织等应用开发和运行管理的功能。

2. 管理和应用平台的计算功能。该管理和应用平台的计算功能说明，云计算操作系统的计算功能包括通过计算用户提供的超文本传输协议（即 HTTP）等接入的链接定制服务申请，经负载均衡器分配到各虚拟机群的某虚拟机中，经服务内容计算分析后进入相关管理服务组织提供的各种管控服务进程。

3. 管理和应用平台的存储功能。管理和应用平台根据计算分析的服务需求内容，按需要进行相关管理服务组织，并交付各种定制的计算服务。云计算操作系统的存储功能包括存储网页服务内容、用户空间服务内容及其用户关系服务内容。通过计算用户 HTTP 等接入的链接定制存储服务申请，进入计算、组织等服务过程，从而存储该计算分析得到的用户定制存储服务内容。

综上所述，基于云端运算的云计算操作系统采用云计算的管理和应用平台进行系统管理和控制，并面向用户端按需提供定制和交付的计算和存储、配置和组织服务。开发人员也可以根据使用要求，使用并开发该平台的相关服务。

（二）云计算操作系统及其管理和应用平台架构

云计算操作系统及其管理和应用平台架构按云计算应用集、云计算业务集、云计算数据集可以独立架构，也可以协同架构，还可以分层架构。以下讲解该分层架构的内容：

1. 云计算应用层。云计算的用户有相当多的公共资源、个人信息是存储于系统中心的。这些应用与不同的日常应用、访问权限不同，按品种信息、资源分类总结，统称为日常服务。不同的应用程序为了实现不同的功能，读取相应的应用服务类别及其数据，并通过日常服务架构实现。

2. 云计算业务层。云计算业务层包含组网服务、接入控制、服务集成以及工作流几部分。它确保云计算应用程序的安全性，保证各应用与服务间的协同合作，从而根据特定的流程实现相应的功能，组网服务使开发更广泛意义上的分布式云应用程序变得更简单。

3. 云计算数据层。云计算数据层将存储服务扩展应用至云计算服务，提供了一个基于云计算的分布式关系数据库，可以提供结构化、半结构化甚至没有结构的数据存储及检索。

三、云计算知识

存储组织，对每个（本地的或远程的）设备，无论该设备是数据中心的设备，还是数据终端的设备，云计算的操作系统都进行知识管控和识别配置计算，并分门别类地进行知识整理，进而以设备虚拟化的形式实现知识化存储和知识化组织。

这里结合图示，以服务器设备应用和配置计算为例进行说明。云计算的操作系统首先计算识别系统结构内的所有设备，由此把它们虚拟化为系统结构组织节点，以此实现系统结构及其组织节点的虚拟化配置和存储，进而计算该节点存储的信息，从而实现树形节点虚拟组织的结构化知识存储。

（一）远程或本地服务器配置

由于云计算数据中心的每台（本地的或远程的）服务器都配置为网络启动服务器，因此，该服务器可以安放到互联网的任何一个地点。配置步骤如下：

1. 下载组织管理维护操作系统。通过该服务器从云计算数据中心下载并在该服务器上安装基于云计算系统结构的节点服务器操作系统，该节点服务器操作系统具有节点组织及其维护的功能；从而使该服务器成为云计算系统结构的节点服务器。

2. 服务器运行节点组织维护操作系统连接云计算数据中心。

3. 云计算数据中心通过组织管控器把该服务器创建为系统结构的虚拟节点主机。

4. 组织管控器通过虚拟节点主机创建服务器主机分区。云计算数据中心通过组织管控器指示远程或本地服务器在内部创建一个主机分区，以此通过节点组织维护操作系统运行该主机，从而在云计算数据中心构建虚拟主机并实现代理功能，由此实现在云计算数据中心运行虚拟主机，与网络实际运行该服中，虚拟主机创建虚拟客户机并部署服务角色是通过在云计算的管理和应用平台上运行组织管控器，从而在实际服务器上实现创建和完成部署树形节点的。

通过云计算数据中心远程或本地服务器的配置，和相关数据终端的树形节点创建，云计算操作系统可以知道并管控该系统结构的所有服务资源的，这些资源包括数据中心的本地服务器及其远程服务器节点、网络基础架构、应用服务项目、客户应用。

一切都经过云计算知识识别，因此实现一切都会经过云计算进行知识存储。

四、云计算软件即服务的部署与云端互动

云计算的中心与终端互动是通过部署终端互动的服务角色实现的。物联网与云计算软件即服务的部署包括物联网与云计算服务方式和云端运算应用软件部署。

（一）云计算中心与终端互动

部署在云端互动的服务是通过管理和应用平台上的程序与用户端上扮演的角色实现的。这两种角色是终端的浏览器服务角色和后台工作服务角色。以下通过微软系统进行说明。

1. 浏览器服务角色。顾名思义，就是提供浏览器服务的角色。浏览器角色是类似 ASP.NET 的应用，是相关应用的云端版本。它支持 HTTP/HTTPS 协议，还能提供窗体标准连接功能的服务。

2. 后台工作服务角色。在后台运行的应用程序可以在后台访问任何网络资源、数据源并进行操作，不开放外部访问接口，接到命令后会依次执行消息队列所能引导的工作。后台工作服务角色具有云的概念，一旦启动就一直在后台运行。后台工作服务角色不需要本地服务器，计算量可以很大。

3. 云端互动的服务角色定义。ASP.NET 的管理平台使用了后缀为 .csdef 的文件来定义服务，包括：定义服务角色，浏览器服务角色和后台工作服务角色，定义协议（HTTP 或 HTTPS 等）使用。

4. 服务角色配置。ASP.NET 的浏览器服务角色和后台工作服务角色需要用到服务配置，后缀名为 .cscfg 的文件包含了具体服务配置的内容，与 ASP.NET 中的 Web.Config 文件类似。

（二）软件即服务部署

数据中心的管理平台作为云计算操作系统，用来为软件即服务提供一个开发、部署服务寄宿和服务管理环境，以微软云计算软件即服务应用为例。开发环境。该管理平台是一个支持软件即服务的集成开发语言环境及开放平台。开发者可以利用已有平台开发的专业知识，在该管理平台上创建应用程序和服务。

开发、部署服务寄宿和服务管理。为了形象说明开发、部署软件即服务的服务寄宿和服务管理，这里采用微软的云计算开发平台讲解该软件即服务的开发、部署步骤。内容包括如下：

1. 应用开发：使用 Visual Studio.Net 进行用户服务网页、Web 服务内容开发。

2. 可信安全开发：使用 Visual Studio 进行"云、端"可信安全云技术开发，包括可信模式识别技术、可信密码学技术、可信融合验证技术开发。有关可信模式识别技术、可信密码学技术、可信融合验证技术等内容，将在第二章进行讲解。

3. 部署服务：部署云计算管理平台应用软件，供用户直接应用或下载用户端应用。

4. 部署寄宿管理服务：包括部署寄宿管理服务的配置文件和日常维护。

5. 软件即服务：软件即服务包括用户端定制服务，云计算管理平台则交付计算服务。

任何具有软件开发能力的人都可以轻而易举地在云计算开发平台上进行相关应用软件开发，并面向该云计算的用户部署或提供该软件即服务的应用。

第二章
物联网与云计算的可信安全产业

尽管云计算系统功能强大，且可无限虚拟服务资源，还可按定制需要进行交付服务计算，但云计算却在信任和安全问题方面极具争议。

物联网与云计算的可信安全产业采用物联网的真实传感信息为可信云计算信任源，通过实施诸如网络空间可信身份企业或国家战略，进而确保物联网与云计算可信安全。

第一节　网络空间可信身份企业或国家战略

网络空间可信身份企业或国家战略思路源自美国《网络空间可信身份国家战略》。

云计算即定制与交付服务的超级计算。但是，在定制与交付服务的全世界互联网上空飘荡着两朵乌云，一朵是不可信乌云，一朵是不安全乌云。具体表现为信息体的伪造、变造、假冒、抵赖、木马攻击、病毒损毁等，从而使该服务的信用深受其害。

其实不信任、不安全对互联网的危害不仅发生在服务定制和交付这两个出入口，也发生在中间过程，即服务的组织、加工、整理、包装等过程。因此在全球整个云计算空间，云可信、云安全对正常的网络社会经济秩序构成了巨大的挑战。

为此，美国发布"网络空间可信身份国家战略"。此时此刻，面对同样全球化挑战，我们既不能选择等待，也不能选择跟进，而是要选择超越挑战，并化危机为转机。

一、美国的网络空间可信身份国家战略

2010 年 6 月下旬，美国发布了"网络空间可信身份国家战略"。该战略在实施层面是一套体系化规划方案。白宫正在推广实施这套系统，并称之为身份生态系统。该系统在建立官方数据库和鉴别用户身份的基础上，把个人、组织和设备有机地结合在一起。

（一）系统由 3 层组成

该系统由 3 个层面组成，包括执行层、管理层、总控层。执行层具有隐私安全策略，该隐私安全策略连接有 4 个方面：以证书为管理核心的信息实体方、以访问为管理核心的用户属性方、以可信为管理核心的可信服务提供方、以身份管理为核心的身份信息管理方。

其中，用户属性方用于区别访问用户的个人、组织和设备属性，以此使信息实体方可区分个人、组织和设备的证书；可信服务提供方通过证书提供相关用户属性的多种可信认证服务，从而确保身份信息管理方能够可信、安全、有效地管理该用户身份信息；由此保证个人或组织在系统中运行的业务与规则一致并有机结合在一起。

这种管理方式的好处是，现有的身份管理系统应用的一些认证算法和管理模式，仍然能在该系统中继续使用，具有节省成本、兼容性好的优点。

同时，管理层可以同时对用户属性和身份进行分别管理，后者还包括证书的注册、鉴定、认证、签发等环境规则的应用和实施。总控层可以使官方治理者通过官方使用的身份认证生态架构，从而使认可、评定具有法律效力，进而使认证者得以使用可信的认证架构。

（二）用户无须记忆密钥

由上述该系统的三层构建可看出其关键所在：执行层的可信服务提供方不仅提供设备可信（源）认证，还提供个人和组织的可信（源）认证，从而把传统设备可信认证，扩展为能够适合"云、端"互动的个人和组织可信认证。

由此建立起整个生态系统的基础运行环境和规则；即无须记忆用户 ID 和密钥，就可通过上述可信身份认证服务，从而确保各种在线业务（如网上银行、医疗保健记录、发送电子邮件等）的可信云计算身份安全认证。

（三）政府与企业和网民的关系

为了实现"网络空间可信身份国家战略"，美国确立如下政府与企业和网民的关系：

1. 系统的政府职能。网络空间可信身份认证的政府职能是建立运行规则，监管运行业务和规则是否一致。

（1）建立总控层规则使官方治理者通过官方使用的身份认证生态架构，从而使认可、评定具有法律效力，进而使认证者得以使用可信的认证架构。由此建立总控层规则，包括建立基于"可信云端"互动基础设施及其可信云计算身份认证生态环境及其系统的运行规则。

（2）建立管理层规则同时对用户属性和身份进行分别管理，后者还包括证书的注册、鉴定、认证、签发等环境规则的应用和实施，从而建立应用上述设施环境的可信"云、端"互动的规则。

（3）建立执行层规则用户属性方可以区别访问用户的个人、组织和设备属性，以此使信息实体方可以区分个人、组织和设备的证书，可信服务提供方通过证书可以提供相关用户属性的多种可信认证，从而确保身份信息管理方能够可信、安全地有效管理该用户身份信息，由此确保个人、企业或组织的（可信云计算身份认证及其系统）运行业务与规则一致。

2. 系统的企业职能。按政府管控的接口要求建设云计算数据中心的可信云端互动安全系统，包括：接入政府总控层、管理层、执行层，并接受管控。

建设包含可信密码学、可信模式识别、可信融合验证技术的登录系统，使用户无须再去记忆一个不断扩展的并带有安全风险的用户名和密钥即可登录系统。通过此战略方案，建立起一个可信云端安全互动的技术环境。

3. 系统的网民应用。在可信云端安全互动的技术环境里，个人用户可以通过可信云端系统，自行选择（私营或公营）认证服务提供者。通过各种具有人脸识别、声音识别和指纹识别等计算机可信云数据终端，借助可信根计算技术（如计算感器信息，或基于 U 盘、智能卡、手机等存储的可信数字证书）获得一个可信安全的、可加强隐私的可信身份认证服务。用户无须记忆用户名和密钥，即可通过上述可信身份认证服务，保证各种在线业务（如网上银行、医疗保健记录、发送电子邮件等）的可信云计算身份认证安全。

二、建设网络空间可信身份

企业或国家战略建设最佳的网络空间可信身份企业或国家战略，最好的方法是站在巨人的肩膀上，如同爱因斯坦站在牛顿肩膀上创造相对论一样。我们完全可以在美国网络空间可信身份国家战略的基础上加以改造，进而实现我们最佳的网络空间可信身份企业或国家战略。

（一）借鉴美国网络空间可信身份国家战略

借鉴美国网络空间可信身份国家战略，包括借鉴建设以用户为中心的身份生态认证系统架构，这一点与美国网络空间可信身份国家战略的架构非常类似。

（二）超越美国《网络空间可信身份国家战略》

超越美国网络空间可信身份国家战略，其关键点是超越"用户无须记忆密钥"的实现技术。毫无疑问，美国实现"用户无须记忆密钥"的技术细节是保密的，外界也无法知晓其中包含何种发明、创新，甚至还无从知晓相关知识产权的名称和内容。

如美国《网络空间可信身份国家战略》所述，实现"用户无须记忆密钥"的关键是：该执行层以可信为管理核心的可信服务提供方，不仅提供设备可信

（源）认证，还提供个人和组织的可信（源）认证，从而把传统设备可信认证，扩展为能够适合"云、端"互动的个人和组织可信认证。可是，美国并无披露如何实现个人和组织可信认证的技术内容。

但是，物联网与云计算天生具有可信安全的属性，根据《可信云安全的关键技术与实现》该书的内容，同样可出色地实现类似美国的《网络空间可信身份国家战略》，而且是最佳的网络空间可信身份国家战略（见《可信云安全的关键技术与实现》，人民邮电出版社出版）。

可信云用户端是一个具有使用物联网传感器的笔记本电脑，如笔记本电脑具有摄像头、话筒，从而可以获取人脸、语音等生物信息特征。用户使用 Web 用户端（如 IE）访问云计算数据中心时，会进入一个非 Web 用户端（如后台）可信云证书认证环节。

这就是该网络空间可信身份国家战略执行层中能够适合"云、端"互动的个人和组织可信认证环节，包括事前和事后，基于物联网技术的证书制作和云计算技术的证书认证的步骤。经过该环节即可实现"用户无须记忆密钥"的关键技术步骤。

（三）系统网民的应用

通过各种具有人脸识别、声音识别和指纹识别等计算机可信云数据终端，借助可信根计算技术（如计算感器信息，或基于 U 盘、智能卡、手机等存储的可信数字证书）获得一个可信安全的、可加强隐私的可信身份认证服务，从而无须记忆用户名和密钥，即可通过上述可信身份认证服务，保证各种在线业务（如网上银行、医疗保健记录、发送电子邮件等）的可信云计算身份认证安全。

三、可信安全企业或国家网络战略

古人云：青出于蓝而胜于蓝。上述超级网络空间可信身份国家战略源自并超越了美国网络空间可信身份国家战略。毕竟网络技术是无国界的，而信息可信安全技术是有国界的。结合国外信息可信安全技术的科学思路，采用本国核心技术进行创新就是一种超越。

（一）网络空间可信身份国家战略的优势

本战略结合物联网与云计算，是解决伪造、变造、假冒、抵赖、木马攻击、病毒损毁等技术难题的重要途径。

1.解决假冒电子签名问题。美国电子签名法出台后，相关人士曾欢欣鼓舞，可是他们很快发现，尽管电子签名经过加密，但其认证密钥同样可以被人窃取，从而很容易实现仿冒签名。

物联网与云计算是电子签名人真实身份信息的可信传感计算，结合可信云安全的关键技术，实现电子签名与签名人真实身份信息一致，从而解决了假冒电子签名的问题。

2. 解决伪造、变造电子签名问题。2004 年 8 月美国加州圣芭芭拉国际密码学大会上，有人用"世界密码学大厦轰然倒塌"来形容中国密码专家破译电子签名算法的成果。由于从理论上推导传统电子签名是可伪造或变造的，而该算法是密码应用领域的关键技术密码学及其算法的缺陷也因此公开。

这再一次敲响了电子商务安全的警钟，提醒大家需要采用物联网与云计算结合可信云安全的关键技术，解决伪造、变造电子签名的问题。

3. 解决电子签名的抵赖问题。隐秘密钥使得公开认证密钥非常困难，也使抵赖的行为有机可乘。而电子签名技术存在可伪造、变造、假冒等技术缺陷，又使电子签名的可信性失去了"法"源。危机由此产生。采用物联网与云计算结合可信云安全的关键技术即可解决电子签名的抵赖问题。

4. 解决木马攻击和病毒损毁问题。木马攻击和病毒损毁电脑及其信息体，每年给社会经济造成巨大的损失。现在市场上已经有许多云安全查毒软件，一定程度上解决了该问题。

（二）网络空间可信身份国家战略的核心

本战略的核心是《可信云安全的关键技术与实现》，该关键技术采用的技术路线是互联信息的可信云计算技术和安全云计算技术。

可信云安全技术力图解答信任的根源（即信任根）在哪里，如何才能够使信任根成为可信的根源（即可信根）；通过信任根的可信云计算及可信根的融合认证，首先重点计算云可信用户的信任根，同时兼顾计算系统及设备信任根，实现可信云安全技术路线。

人类基于自身的可信计算从人出生就进行了，一开始是辨认襁褓之中的母亲，然后是照镜子辨认自己的脸、声音、肢体及行为动作；社会及法律采信的信任根是签名、指纹，甚至是 DNA，可以预见，互联网及云计算社会也不会放弃它们。

简单而言，可信云安全技术运用可信模式识别技术、可信密码学技术、可信融合验证技术进行三种可信计算，由此达到云安全并达到云可信安全目的。

第二节　科学可信的物联网与云计算

狭义的物联网被称为传感网，物联网与云计算及其传感器终端对传感器采集的真实信息进行计算识别，从而甄别传感对象的事物知识，进而运用该甄别的事物知识控制执行器做出符合逻辑的行为，由此智能地实现人类预期的目的。

因此，把物联网与云计算关于这种基于终端传感信息的真实性计算，称为物联网与云计算有关"真"的计算是名副其实的。

物联网与云计算有关科学"真"的计算涉及终端传感信息采集、泛在网络传输、物联网与云计算的数据中心与数据终端的互动，从而可以创新产生可信模式识别技术、可信密码学技术、可信融合验证技术。

一、可信模式识别技术

可信模式识别技术是传统模式识别技术的智能化。在传统模式识别过程中，终端通过传感器仅对事物的单一属性进行测量和识别。而在可信模式识别过程中，终端通过传感器对事物的众多属性进行测量和识别，从而可以自行纠正错误识别、实现智能识别。

可信模式识别技术的"真"在于它可消除传统模式识别技术的误识率和拒识率缺陷。

（一）基本模式识别技术

基本模式识别技术具备传统模式识别技术的所有技术特征。基本模式识别技术是把识别对象与存储模板进行匹配比对的技术；匹配比对的过程包括采用终端通过传感器采集识别对象的传感信息，并通过测量该传感信息获取特征信息，进而把该特征信息与预留模板特征信息比较，从而确定是否与模板匹配的过程。

1.预留模板特征信息。预留模板特征信息的重要性可以用一条令航空安全领域胆战心惊的新闻开篇。该新闻说的是，2010年10月29日下午6时左右，一名20岁出头的中国香港小伙子借助犹如好莱坞大片《碟中谍》中一般的高超易容术，变身一位满脸皱纹的白人老头，通过海关并登上一趟由香港飞往温哥华的航班。之后该偷渡者接受了加拿大海关边境署的审查。

相关人士认为，问题的严重性已经远远超出该新闻事件本身。因为恐怖分子同样可以采用类似的方法登机。问题是航空安全领域还没有更有效防止此类事发生的方法。

然而，按作者的眼光看来，解决该问题的方法非常简单。因为发生上述新闻事件的关键因素，是机场没有掌握白人老头的身份信息，以至于不能够识破化装成白人老头（即香港小伙）是偷渡身份。掌握老头身份信息，就是预留模板特征信息，以此可识别化装小伙。或者说，没有模板就没有识别，这就是模式识别技术的公理。

2.采集识别对象信息。如果上述新闻事件的一方（即香港机场）已经掌握了白人老头的身份信息，也就是在计算机系统中已经预留该老头的模板特征信息，则该新闻事件应按以下演绎改写：

首先，机场人员会请这名20岁出头的中国香港小伙子出示护照。固然，机场人员用肉眼比对该护照上的白人老头照片与易容的香港小伙相貌差不多。但是，计算机系统预留该老头的模板特征信息具有更多的知识细节，因此，机场计算机系统在机场人员用肉眼匹配的同时，通过摄像头和指纹传感器采集该易容香港小伙的相貌、语音和指纹信息。

3.识别对象与预留模板比对。该新闻事件继续按以下演绎改写：机场人员正用肉眼匹配护照的照片相貌和易容香港小伙的相貌是否一致，突然计算机系统发生报警，原来机场计算机系统通过摄像头和指纹传感器，经采集该易容香港小伙的相貌、语音和指纹信息，进而与预留该模板特征信息进行匹配比对，从而发现了香港小伙易容。

事件到此已经画下完美句点，易容香港小伙还没有出安检即被拦下。

（二）智能模式识别技术

也许细心的读者会问，如果易容香港小伙完全按照预留模板特征信息复制了人脸和指纹，也就是说与白人老头从表面看完全一致，此时易容香港小伙是否会得逞？答案仍然是否定的，因为此时智能模式识别技术已经启动。

智能模式识别技术不但预留该模板特征信息，还预留该模板行为特征信息，如白人老头笑脸相迎时，嘴角、眼角的弯曲规律；此时眼、嘴的开合伸展规律动态特征等，还有说话人的语言习惯。再有采集白人老头指纹时，指纹与指纹传感器的作用行为特征，十指捺印时从何指开始，到结束捺印采集的指纹是什么手指。

智能模式识别技术完成了相关对象的单一属性知识和关系属性知识系列识别，尤其是行为特征与对象心理智能有关系，由此实现了相关的智能模式识别技术，从而完成了可信模式识别技术。面对如此庞杂的身份特征识别和行为特征识别，传统模式识别技术的误识率和拒识率缺陷统统被消除了。

二、可信密码学技术

可信密码学技术是传统密码学技术的智能化，是融合了模式识别技术的密码学技术。

在物联网与云计算时代，传统的密码学技术已难以胜任。因为物联网与云计算的可信计算不仅需要把计算机本身作为信任源进行可信计算，还需要把计算机连接的传感器及其传感信息作为信任源进行可信计算，因此要进行可信密码学技术与传统密码学技术的融合。

（一）传感信息的可信计算

传统的可信计算一直局限于以机器本身及其可信平台模块（TPM）为信任源进行相关可信计算。然而，物联网与云计算的时代，人和物传感信息已经是信任源及其可信计算的焦点所在，基于人和物传感信息的"真"明显比机器本身信息的"真"更为重要。

1. 可信模式识别"真"的传递。可信模式识别技术是消除了传统模式识别技术误识率和拒识率缺陷的技术，因此，基于可信模式识别之人和物的传感信息是该人和物"真"的传感信息。而且，该人和物"真"的传感信息是多维的矩阵数据信息，因此，非常适合进行数学理论的物联网与云计算。

2. 可信模式识别"真"的防伪。为了防范伪造、变造、假冒、抵赖，包括木马攻击和病毒损毁，必须对可信模式识别的"真"信息进行密码学技术处理；必须从可信模式识别的"真"信息源头，对其进行加密处理，从而确保可信模式识别"真"信息，做到防范措施周详严密。

3. 可信模式识别"真"的认证。认证可信模式识别的"真"即认证该"真"的信息是否被伪造、变造、假冒、抵赖，包括木马攻击和病毒损毁。这种认证涵盖信息的采集和收发、网络中转等所有环节和全部过程。认证包括接收方解密加密发送方加密的信息，然后对接收的原始真实信息进行签名认证和模式识别。而且，这种认证正向解析必须是非常高效的，反向破解必须是长时无解的。

（二）可信密码学技术的云端计算

传统密码学技术的缺陷在于其密钥和算法都不是自认证设计的。因为传统密码学技术的设计依据是基于机器可信、人不可信这一原则的。原因是那个时代传感技术欠缺所致。也正是这个原因，传统密码学技术完全不适合进行云端加解密运算。

例如，传统密码学的密钥是一个单纯的字符串，密钥持有人不能充分说明这个密钥确实是自己的；由此，银行会反复叮嘱保管好你的存折密码，谁也难以承担密码失窃的责任。加解密的算法也如此，因为该算法是公开的，你不能在公开算法的前提下证明该算法是自己的。

由此，传统密码学技术难以实现可信、安全物联网与云计算的架构。可信密码学技术完全消除了传统密码学技术的上述缺陷。可信密码学技术是基于人和物的传感信息可信识别设计的。密钥字符串包含了人和物"真"的传感信息，自认证当然顺理成章；尽管加解密算法也是公开的，但该算法同样包含人和物"真"的传感信息，所以自认证也当然是顺理成章的。此时密钥失窃也没有关系，可信模式识别足以承担相关责任。

1.可信密码学密钥自认证原理。因为人和物"真"的传感信息是多维的矩阵数据信息，这一个静态的或若干个动态的多维矩阵数据本身构成了"群"数学，非常适合进行数学的群论变换运算。而且，经过群论变换运算的多维矩阵数据，本身又可以编码为一个字符串；而该字符串所包含的多维矩阵数据从传感信息特征的拓扑结构看，其变换与变幻的群论运算是不变的拓扑结构。

因此，人和物基于传感信息"真"的多维矩阵数据，从字符串的观点看，它可以作为密码；从拓扑结构看，它可以作为模式识别的模板。这既是隐秘的加解密密码，又是可信模式识别的模板，非常适合运用于可信、安全的物联网与云计算。

由此，既传承了传统密码学技术的密钥属性，又拓展了可信密码学技术的自认证属性。

2.可信密码学算法自认证原理。传统密码学的加解密算法设计并没有考虑该算法是否可以绑定用户认证的问题。因为在非物联网与云计算的时代，可信、安全的需求还没有到一事件一加解密算法、一次一加解密算法，并且每次用该加解密算法时与使用人绑定该算法，以防用户抵赖。

物联网与云计算时代的来临使云端运算遍布世界各个角落；加解密算法的可信、安全，攸关服务提供者的商业命运。正是"没有云可信，一切白费劲；没有云安全，一切都免谈。"这也难怪，谁会把自己辛苦得来的财富交给不可信不安全的服务商看管。

可信密码学的加解密算法设计从一开始就考虑了该算法必须是可以绑定用户认证的。但是公开算法也是必需的，由此继承传统密码学加解密算法的精华部分。

可信密码学的加解密算法可以有多种实现方法，这里仅列举多维矩阵数据的点集拓扑群分形变幻"环"运算方法和字符串的"域"运算方法；通过字符串"域"运算，可获取"环"变换参数，从而可计算自组织数、混沌数、分形数，进而实现可信密码学加解密运算。

同时，在公开加解密算法前提下，通过人和物"真"的传感器信息特征具有不变拓扑结构的特性，认证该加解密算法与使用人的绑定属性。满足该可信、安全云端运算需要。

三、可信融合验证技术

可信融合验证技术（也称可信网络认证技术）是传统网络身份验证技术的智能化。在传统网络身份验证过程中，终端接入网络的证书认证，仅仅通过传统密码学技术认证。而在可信网络认证过程中，云端互动的证书认证过程不仅进行可信密码学技术认证，还进行可信模式识别技术认证，从而可以网络认证的可信安全、实现智能认证。

（一）实现个人和组织的可信证书制作

实现个人和组织的可信证书制作，其核心是使用物联网技术实现终端用户公钥加载。可信云证书制作的步骤流程包括了云用户端和可信安全云管理平台，要成为可信安全云用户，就必须具有到可信安全云管理平台注册该用户证书的步骤。可信融合验证证书认证技术中，证书用户主体公钥是用户自行加载上去的（这点与传统证书不同），可信云证书制作的流程如下：

1.获取可信信息特征源。可以选择运行者自身的生物信息特征，作为运行者自我信任的可信信息特征源。所述的生物信息特征可以是指纹信息特征、人脸信息特征或语音信息特征。获取生物信息特征的方法就是使用物联网传感器，如电脑摄像头、话筒，获取人脸、语音等生物信息特征。

也可以选择任何可信事物的文件、数据及其信息特征，作为运行者自我信任的可信信息特征源。该可信信息特征源可以是描述基于设备可信性的参数信息特征数据，也可以是描述个人生日、想法等秘密信息特征的文本内容文件等。

2. 变换可信信息特征为可信点集矩阵。变换生物信息特征为可信点集矩阵，就是把变换生物信息特征数据编码为矩阵。因为指纹、人脸和语音等食物信息特征数据本身是二维以上的矩阵，所以无须编码步骤。

但一个文本文件从语义角度看往往是一维的，此时就要扩展维数，进行二维以上的矩阵编码。例如，可以增加位置参数，使任何编码字节与位置参数相关，从而把一个文本文件按语义词语的位置编码为以位置参数或语义词语为二维坐标的二维点集矩阵。

3. 加密变换后的可信点集矩阵。因为可信点集矩阵包含了该真实信息源的内容知识，如指纹生物信息特征的点集矩阵，即包含了指纹生物信息特征的端、叉点内容知识。因此，必须把该内容知识加密，使第三者看不到该内容知识，已加密成为密文的内容知识被称为该内容的"零知识"。

4. 设定主体公钥为"零知识"密文。不同于传统证书公钥仅为单纯的字符串，可信证书中用户主体公钥同时标识加密知识。

5. 填充用户证书内容。不同于传统证书的主体公钥是由服务器分配的，可信证书的主体公钥是用户填充的。

6. 提交云管理平台签名为注册证书。未经 CA 电子签名的证书只是一堆证书的内容，只有经 CA 电子签名并把该签名附在证书中，才使之成为正式注册的证书。

（二）实现个人和组织的可信证书认证

可信云证书认证的步骤流程，用户到云管理平台进行服务定制时，管理平台会确认该用户是否为可信用户，从而进入可信融合验证证书认证技术中可信云证书认证的步骤流程。

1. 管理平台发布用户证书认证命令。管理平台命令用户进行证书认证，包括对主体公钥的加密知识进行认证。

2. 解密主体公钥。用户端解密主体公钥，还原该"零知识"为知识，即用户用密钥解密该为明文知识。

3. 识别明文知识内容的真实性。识别明文知识内容的真实性，即与可信信息特征源比较。例如，使用指纹信息特征源，识别比较从证书公钥中还原的明文知识是否真实。

4.识别用户证书的签名合法性。识别用户证书的签名合法性，这点相同于使用传统证书技术验证该签名是否真实。

（三）技术特点说明

需要说明的是，上述证书可以是广义的，例如，该证书可以是票据的形式，以便推广到可信单点登录的一切场合。同时，上述证书具有以下技术特征：

1.把传统证书载有用户的身份资料及公钥改进为记载象征用户实名的生物信息特征标识，由此能够不暴露用户生物信息特征隐私。

2.兼顾传统证书的使用方式。还是一种既能够保护生物信息特征隐私又能够对其进行模式识别技术认证的技术。

由此建立起整个生态系统的基础运行环境和规则；即无须记忆用户 ID 和密钥，就可通过上述可信身份认证服务，从而确保各种在线业务（如网上银行、医疗保健记录、发送电子邮件等）的可信云计算身份安全认证。

第三节 物联网与云计算催生可信知识产业

物联网与云计算结合可信云安全的关键技术特征是可信知识计算，因为物联网与云计算采用物联网的真实传感信息为可信云计算信任源，所以足以支撑整个可信安全云系统，包括可信云计算服务数据中心、可信云用户端以及可信云管理平台。

由系统大脑的管理平台及核心组成可以构建可信云安全技术的各应用系统，包括可信政务云系统、可信家务云系统、可信企业云系统、可信商务云系统。下面介绍如何采用可信云安全技术建设可信安全云应用系统。

一、物联网与云计算的可信云安全技术产业

"云计算服务虽然具有很大的灵活性和成本优势，但依然没有取得太大进

展，这主要是三个要素没有解决好。"Novel 全球副总裁和首度技术官穆意斯·克哈利说，"一是安全，二是管理，三是良好的性能"。因此，可信云安全技术是重要技术。

美国联邦贸易委员会（FTC）国际事务办公室副主任休·史蒂芬森称："在云计算问题上，我们必须要谨慎，它可能对我们构成潜在危险。"为此其竟然建议暂时停止使用 Gmail。

然而，现在可信云安全的技术依靠可信模式识别技术、可信密码学技术、可信融合验证技术做支撑，从而实现物联网与云计算的可信安全，由此形成了物联网与云计算的可信根计算认证产业内容。

（一）可信模式识别技术产业。可信模式识别技术是传统模式识别技术和模式识别行为密钥技术的结合。

（二）可信密码学技术产业。"可广泛应用与电子商务实践当中。例如，应用与公开验证的电子拍卖，解决拍卖中拍卖行欺骗和投标者勾结的信任瓶颈。首次实现电子方式的讨价还价，保证协议的输出是可信的。"可信密码学技术是传统密码学技术结合点集"拓扑群"变幻运算技术的扩展。

（三）可信融合验证技术产业。可信融合验证技术采用可信模式识别技术和可信密码学技术，结合"云端零知识证明"方法，具有云、端互动"零知识"挑战应答认证功能。可信融合验证技术还具有实现可信云、端 PKI 技术的功能，步骤如下：

1. 可信云证书注册。隐秘生物信息特征为"零知识"证书公钥的制作过程。

2. 可信云证书的验证。还原该"零知识"证书公钥为生物信息特征知识，进而具有可信模式识别技术和可信密码学技术的认证过程。

二、可信云安全技术基础设施产业

可信云安全技术的基础设施是系统软硬件设施，包括物理逻辑层、驱动管理层、系统应用层。这种分层次、分模块、分对象的系统构造和软、硬件标准配置及采集人脸、语音、指纹等生物信息特征的传感器标准配置形成信任根可信云计算认证的基础设施。

（一）可信云安全技术的物理逻辑层产业

可信云安全技术物理逻辑层产业包括可信模式识别技术、可信密码学技术、可信融合验证技术等物理逻辑层产业。

1. 可信模式识别技术的物理层逻辑产业。可信模式识别技术的物理层即可信云用户端用于模式识别的计算机配置，包括采集人脸、语音、指纹、签字、基因等生物信息特征的相关传感器，甚至键盘、鼠标等也可作为人的行为信息传感器，如每个人使用键盘、鼠标的习惯不同，采集该信息同样可识别使用人。

摄像头、麦克风是笔记本、上网本等自带的标准配置。一切都是现存的，只要按对象物理逻辑进行类型定义和语义描述，计算机就能循此描述按软件逻辑实现可信模式识别技术。

2. 可信密码学技术的物理层逻辑产业。可信密码学技术的物理层即可信云、端互动通信的标准配置，包括可信云（数据中心）管理平台的标准通信配置和可信云用户端的标准通信配置，只要按可信云通信安全通道的物理逻辑进行类型定义和语义描述，计算机就能循此描述按软件逻辑实现可信密码学技术。

3. 可信融合验证技术的物理层逻辑产业。可信融合验证技术的物理层即可信云、端互动认证的标准配置，包括可信云、端 PKI 服务器的标准物理配置，只要按可信云、端互动认证的物理逻辑进行类型定义和语义描述，计算机就能循此描述按软件逻辑实现可信融合验证技术。

（二）可信云安全技术的驱动管理层产业

该驱动管理层包括可信模式识别技术部分、可信密码学技术部分、可信融合验证技术部分。它一方面隔离封装物理逻辑层的复杂性，另一方面计算机结合相关功能定义，管理及调度系统中的设备实现可信功能（如传感器的可信采集）。

（三）可信云安全技术的系统应用层产业

可信云安全技术的系统应用层是管理及调度传感器实现可信采集和识别认证功能的软件接口。该系统应用层的接口包括：可信模式识别技术部分、可信密码学技术部分、可信融合验证技术部分。

可信云安全技术基础设施的标准化对于可信安全云构建、可信云用户端软件下载安装、可信"云、端"的互联互通以及对应可信"云、端"软件功能的发挥都是至关重要的。

关键在于云计算架构的同质、同构和标准化，这些问题完全可以解决。可信安全的云计算建设条件都具备，一切似乎都是现成的，在技术性、经济性上均可行。

第四节　物联网与云计算的可信电子政务产业

回顾近几年电子政务的发展历程，不难看出信息化的发展重心经历：计算机办公自动化、网络电子政务、数据中心（包括区域容灾）的几个过程。进入数据中心建设时代，电子政务云建设发展日新月异，传统电子政务也日益体现出云的特征。

比较具有典型意义的有税务数据中心、金融数据中心、区域"超级计算中心"、区域"灾难备份中心"建设等，这些建设都围绕以构建云数据中心为目标。由此，电子政务云产业的雏形初步显现。

一、电子政务数据服务产业

从当前电子政务数据中心的建设来看，按其功能特点大致可以分为数据集中存储与处理数据中心、区域灾难备份中心和区域超级计算中心。

（一）数据集中存储与处理（数据中心）

数据集中存储与处理（即数据中心）是目前电子政务建设的工作重点，如集中税务、水利等数据的数据中心采用该类电子政务建设。该类数据中心的建设一般以应用目标为导向，经常由以下几类需求推动：

1.解决效率问题：集中后避免了数据点太多、数据不够准确或实时的问题。

2.解决数据同步问题：传统的数据点分散，有多个数据集中点，存在不同的数据集中点的数据不一致，需要做同步数据的工作。

3.数据的关联处理：对不同系统的数据，需要做集中的关联分析。

4.解决数据安全问题：传统的数据点分散难以管理，所以数据出现问题的概率也会随之增多，数据集中后解决了数据统一管理及安全策略统一的问题。

该数据中心的建设往往是以纵向行业的数据建设为驱动力，因此建设过程及周期都比较长。以国家、省、地市、区县四级架构下的数据中心建设为例，建设的目标往往是取消原有的地市、区县的数据中心，建设以省甚至以国家（某一纵向行业）为中心的数据中心。

（二）区域灾难备份（数据中心）

区域灾难备份中心的建设往往依托于数据集中存储与处理的数据中心建设。数据集中具备提升效率、提高统一的管理等优点，但同时会使得数据中心面临严重的安全威胁，如集中的数据被破坏、集中的数据受到攻击等。

实现异地或同城数据灾难备份的设备投资往往是巨大的。灾难备份中心的建设往往不是购买几台设备开通一下那么简单的，该建设需要考虑到选址、机房建设、维护、用电等很多综合因素，所以很多用户认为，建设灾难备份中心是可望而不可即的。

共享式灾难备份系统由区域牵头，统一建设灾难备份中心，包括灾难备份大楼、共用机房、共用安全保障等。通过统一的灾难备份中心，实现对多个区域部门数据的灾难备份，可有效地降低各自部门的资金投入，使得数据灾难备份可望而可即。

（三）区域超级计算（数据中心）

区域超级计算中心的建设严格来说不完全是以数据为中心的 IT 建设，而是以数据计算资源的建设为中心的 IT 建设，是现代超级计算机基于先进的集群技术所构建的。

对区域超级计算中心的建设，目前很多的领域都有强烈的建设需求，如气象云图计算、动漫的 3D 渲染、淘宝等网站计算、大型飞机汽车的模型计算等，因此除区域特殊的国家部门外（气象等），区域超级计算中心的商用和民用建设也越来越多。

综上所述，数据中心的建设目前主要围绕数据集中存储与处理、区域灾难备份中心、区域超级计算中心为中心的 IT 建设。不难看出 IT 建设中心已经逐步由传统的网络资源建设，开始向资源数据集中采集与计算、存储与处理的资源数据（超级计算）中心转移。

二、电子政务云计算基础设施产业

针对云计算服务数据中心建设的功能需求，为电子政务提供统一的数据中心解决方案包括：把区域超级计算中心改造为云管理平台；把数据集中存储与处理的中心改造为云计算服务数据中心；保持区域数据灾难备份中心的功能不变。

（一）电子政务云计算服务数据中心

数据集中存储与处理模式下的区域数据中心的建设本身就与电子政务云计

算服务数据中心建设的整体基础架构一致，包括网络、安全、存储、计算。

基于"可信计算"的电子政务云计算服务数据中心建设中，"可信计算"的应用操作平台、安全的共享服务资源边界保护和全程安全保护的网络通信，构成了工作流程相对固定的电子政务系统信息安全防护框架。

1. 可信计算网络设备。可信计算平台确保用户的合法性和资源的一致性，使用户只能按照规定权限和访问控制规则进行操作。能做到什么样权限级别的人只能做与其身份规定相符的访问操作，只要控制规则是合理的，那么整个信息系统资源访问过程就是安全的，由此构成安全可信的应用环境。

2. 安全边界设备及其共享服务器。安全边界设备（如安全网关等）保护共享服务资源，具有身份认证和安全审计功能，将共享服务器（如数据库服务器、Web 服务器、邮件服务器等）与非法访问者隔离，防止意外的非授权用户的访问（如非法接入的非可信终端）。这样共享服务器不必做繁重的访问控制，从而减轻了服务器的压力，以防拒绝服务攻击。

3. 管理中心。管理中心包括安全管理中心和密码管理中心。实现上述终端、边界和通信的有效保障需要授权管理安全管理中心以及可信配置密码管理中心的支持。

4. 安全域和全程 IPSec。可信计算终端所形成的网络区域即安全域。安全域采用全程 IPSec 可实现网络通信全程安全保密。IPSec 工作在操作系统内，实现源到目的端的全程通信安全保护，确保传输连接的真实性和数据的机密性、一致性，防止非法窃听和插入。

5. 安全隔离设备。隔离直接访问共享服务资源的设备即安全隔离设备。安全隔离设备确保非法接入的非可信终端不能够直接而只能够通过应用安全边界设备访问共享服务资源。

在 IT 体系中，考虑到数据中心的可靠性，电子政务云计算服务数据中心的基础架构要求能够尽可能地标准、兼容，避免后期变更给整个 IT 系统带来较大的影响。

（二）电子政务云管理平台

事实上，区域超级计算中心的发展趋势就是以网络为中心的云计算模式。因此，改造区域超级计算中心为电子政务云管理平台，使之在高密集中应用环境下运行，对基础网络具有更加苛刻的适用要求。所有这些内容改造的工作量并不大，至多只是对云计算服务数据中心的管理、用户定制云计算服务的管理等相关管理软件进行改造。

针对计算虚拟化会使物理服务器单一网络接口的流量急速提升，高性能地接入和网络转发会产生大量密集的核心应用，网络的局部故障会严重影响业务展开的数量，故电子政务云管理平台的设计要着眼于高可靠性故障自愈能力和高吞吐量突发访问业务的应对。

总之，云管理平台改造着重于应对业务流量突发增长，需要具备灵活的调度能力。

第五节　物联网与云计算的可信电子商务产业

使用物联网与云计算结合可信云安全关键技术实现可信电子商务云系统的方法如下。

一、可信电子商务云的实现方法

基于支付宝的淘宝网和阿里巴巴网是比较成功的电子商务云。支付宝以阿里巴巴公司的信誉作为担保，形成支付宝的云管理平台和用户端。该用户端的形式包括阿里旺旺和淘宝旺旺软件用户端及其网页。虽然阿里巴巴电子商务云优点明显，但也存在可改进之处。

（一）现有支付工具安全性的优缺点

阿里旺旺用户端和阿里巴巴网页互为呼应，共同作为支付宝的云用户端，与支付宝的云管理平台一起，实现阿里巴巴定制和交付的云计算服务。

从支付宝的安全性来看，支付宝安全性设计的优点是把安全防范的重点放在交易的方式上面，由此成功地规避了运营商运营过程中承担的风险。

缺点是使用传统密码学技术很难管理支付宝用户密码。密码太短容易被人译破，密码太长记忆困难，记在笔记本中又会被人偷窥。一旦泄露用户身份密码，用户账户的资金就会被盗用。为此，支付宝反复提醒用户：管理好身份密码不要泄露，避免受到经济损失。

（二）可信云安全技术解决问题的方法

采用可信云安全技术，改造支付宝用户端、支付宝管理平台及其使用方法，能够解决支付宝用户密码管理的难题，具体内容如下：

1.设置可信云用户端和管理平台。在阿里旺旺用户端的基础上增加可信模式识别技术、可信密码学技术、可信融合验证技术，并在支付宝的云管理平台上做对应改造。

2.增设可信云用户端和管理平台互动认证。用户通过可信云用户端在该云管理平台的网页登录。该平台验证用户网页登录 ID 和密码后，回传该用户可信云证书，命令该端进行用户证书的可信生物信息特征身份和可信证书签名绑定认证。

进行支付宝登录和支付认证。可信云用户端和管理平台互动认证流程中，在原有基础上，新增管理平台命令端进行可信生物信息特征身份和可信证书签名绑定认证，从而使支付宝密码得到安全管理，即使第三者窃知也无损安全。

（三）可信云安全技术解决问题的步骤

可信云安全技术解决问题的步骤如下：

1.实现可信云用户端。现有的 PC（包括上网本、笔记本、台式机）基本都配置摄像头、话筒，即可在阿里旺旺用户端增加可信模式识别技术、可信密码学技术、可信融合验证技术，轻松实现支付宝已有云用户端的改造。

在阿里旺旺用户端的基础上，实现增加可信模式识别技术、可信密码学技术、可信融合验证技术，从而把支付宝的云用户端改为可信云用户端，使之具有可信证书签名与可信生物信息特征的双重识别认证能力。

2.实现可信云用户端证书。在支付宝已有证书基础上实现可信云用户证书技术，包括可信注册和可信验证技术，从而实现把支付宝的云用户端证书改变为可信云用户端证书，使之具有可信证书的签名与可信生物信息特征双重识别认证内容。具体包括以下内容：

（1）实现可信云用户证书及其签名。实现可信云用户证书即在支付宝证书内容里，改用基于可信生物信息特征的关联公钥替换原有公钥，改用基于可信生物信息特征的关联公钥的可信证书签名替换原有签名。

（2）实现可信云用户证书认证。实现可信云用户证书认证即新增端可信证书签名和可信生物信息特征识别的双重绑定认证。该认证技术即可信模式识别技术、可信密码学技术、可信融合验证技术。

3.实现可信云管理平台流程。首先在支付宝的云管理平台工作流程基础上，实现可信云管理平台工作流程，包括进行用户端可信证书认证和云管理平台可信证书认证。

（1）命令用户端进行可信证书认证。获取该用户端登录 ID 且验证，云管理平台返回用户可信证书。命令用户端进行证书可信证书签名认证，以及公钥的可信生物信息特征还原识别认证，即进行可信融合验证双重技术认证，从而实现证书可信注册和可信验证技术。

（2）通过云管理平台支付宝密码认证。用户端通过可信证书认证后，云管理平台进行支付宝密码认证，包括云管理平台对获取的支付宝登录密码和支付宝支付密码进行原有的技术认证，这些是支付宝原有的认证过程。

（3）云管理平台支付宝原有认证过程。如果可信云用户端的硬件使用有问题（例如没有摄像头等），则跳过上述过程，直接进入支付宝原来固有的认证过程。

（4）确认云管理平台支付宝收货划款。重复上述(1)、(2)和(3)的过程。(4)可信云安全技术应用和效果说明可信云安全技术是在支付宝原有安全性设计基础上增加了可信云安全技术功能，因此保留了支付宝安全性设计原有的优点：

一是不怕泄露身份密码。由于增加了可信云管理平台命令可信云用户端进行证书可信签名认证，以及进行公钥的可信生物信息特征还原识别认证，即进行可信融合验证双重技术认证，从而使密码认证必须经该认证步骤才能有效。因此，即使泄露身份密码，也不能假冒融合验证的双重技术认证，从而使支付宝的云用户端不用再为身份密码管理犯愁。

二是操作简单使用方便。用户私钥可保留或存储在端存储器（如 U 盘或 IC 等）中，可在本地或移动到其他用户端上使用。用户私钥用于还原证书公钥包含的可信生物信息特征，该特征可用作认证对象的识别模板，从而可以使用可信模式识别技术进行身份认证。

用户端可信模式识别可以采用摄像头采集人脸特征与公钥还原的人脸特征进行可信模式识别技术识别认证。对于老式 PC，则仍旧沿用原有支付宝运行模式。

二、可信电子商务云系统设计的其他要点

由上述支付云用户端与云管理平台改造，可导出可信电子商务云系统解决方案。方案包括可信电子商务云系统的定义、特点、类型、组成元素、销售方式、

工作流程。

（一）可信电子商务云的定义

随着网络与计算机技术的发展，作为信息技术的电子商务工具被引入商务活动领域。

可信电子商务云是在原有电子商务基础上，将电子商务活动联系起来的各实体。企业、消费者、政府通过可信云安全技术将信息流、商流、物流、资金流完整结合，实现可信电子商务云的商务活动过程。

1.商流：商业洽谈、下单、售后服务等商务过程。2.物流：商品物资的配送、调度。3.资金流：交易中的资金转移过程。4.信息流：包括商品信息、客户与供应企业信息、服务信息等。凡涉及商务领域的咨询洽谈、下单订购、资金付款、意见征询、交易管理、电子报关、电子纳税等全部通过互联网可信电子商务云进行。

（二）可信电子商务云的特点

可信电子商务云的互联网普及及该网络经济所涉及领域的拓展决定了可信电子商务云具有普遍性、方便性、整体性、可信安全性以及协调性等特点。

1.普遍性、方便性。可信电子商务云的普及将使得可信电子商务云计算服务成为普遍存在的新经济模式。可信电子商务云不受地域限制，交易方式灵活快捷，提供24小时全天候自由在线服务。

2.整体性、协调性。可信电子商务云将人工操作和信息处理、各功能模块集成为不可分割的整体，提高人力、物力的利用率以及系统运行的严密性。可信电子商务云活动使各部门协调合作，如客户、供应商、银行、物流中心、通信部门等，从而完成可信电子商务云的全过程。

3.可信性、安全性。可信电子商务云系统采用了可信模式识别技术、可信密码学技术、可信融合验证技术，包括病毒防护技术等，措施严密，可信安全。

（三）可信电子商务云的应用类型

根据商务过程中参与实体的不同，可信电子商务云的应用主要有五种类型。

1.企业内部的可信电子商务云。企业通过内部网方式交换和处理商贸信息，该网络与互联网隔离，主要用于企业内部的可信电子商务云、商贸活动并保持企业组织上的联系。

2.企业间的可信电子商务云。可信电子商务云是企业之间通过互联网可信电子商务云进行商业活动的模式。

3.企业与消费者间的可信电子商务云。在互联网上，企业通过可信电子商务云开设网上商店，消费者通过网络浏览产品信息，并在网上下单，在线支付。这种经营模式方便快捷，不受时间空间限制。

4.企业与政府间的可信电子商务云。可信电子商务云模式是企业与政府部门间的业务往来，如政府通过互联网发布采购招标清单，企业通过网络进行投标、网上报关、纳税等。

5.消费者间的可信电子商务云。可信电子商务云模式是消费者间通过公共可信电子商务云交易平台，卖方提供商品，买方在线选购的交易方式，如网上拍卖、在线二手市场等。

（四）可信电子商务云系统的组成元素

可信电子商务云的整个商务系统由该可信电子商务云的业务系统、认证中心、支付网关和可信云用户端系统四个基本元素组成。

1.可信电子商务云业务系统。可信电子商务云业务系统是该系统的基础应用平台，用户端通过网络访问可信电子商务云业务系统，进行可信电子商务云应用。

2.可信电子商务云认证中心。认证中心向可信电子商务云业务系统、支付网关、客户终端提供证书发放、授权服务与认证，是保证可信电子商务云应用安全的机构。

3.可信电子商务云支付网关。支付网关是企业、银行与客户交易资金转移的接口，是实现在线支付的接口界面。

4.可信云用户端系统。可信云用户端系统包括 Web 用户端和本地安装可信云软件用户端。

（五）可信电子商务云的工作流程

可信电子商务云网上直销即消费者完成一次购物工作过程。首先，消费者使用可信云用户端系统进入网上商店寻找想购买的商品。通过浏览产品信息找到合适的商品，就可在网上下单，否则决定是否继续浏览该店或进入其他网上商店继续购物。若消费者已将所要买的商品下单，便可以进入结账程序。

进入结账程序后，通过选择付款方式，如在线支付，使用信用卡通过支付网关授权银行进行付款转账，支付网关保留双方交易数据凭证，并向商户发出发货通知。如通过账户支付，则进行账户划拨托管，账户托管则根据交付情况（收讫或退货）进行转账与否。

51

商户收到发货通知后通过物流配送组织将商品发送给消费者，消费者收到商品后验收商品，并根据实际需要享受网上商店提供的售后服务。消费者通过网络无拘无束地完成了他的一次购物过程。整个过程都是消费者坐在自己的计算机前单击鼠标和键盘。

所需要做的只是查看商品信息以及下单结账，其他工作就交给商户、银行与物流机构去完成，整个过程都方便安全快捷，因而越来越受到消费者的欢迎。

可信电子商务云与原有电子商务不同之处是可信电子商务云管理平台的支付网关具有云用户端的可信融合验证技术认证过程。

（六）可信电子商务云的销售方式

企业与消费者间的可信电子商务云是该云的网上直销方式，企业通过可信电子商务云建设网上商店，向消费者展示与供应商品，消费者通过可信电子商务云走进网上商店，浏览商店内的产品并可在店内直接下单付款定购。

由于消费者是商品的直接购买和最终使用者，企业产品直接面对客户，它们都处于供求链末端，因而是最基本的可信电子商务云模式，就如传统经济模式里的商店一样。

网上商店将会随着信息社会的发展变得一样普遍，所不同的就是网上购物可以足不出户，各地商品任选，如此方便快捷，无时间和空间限制是传统经营模式无法比拟的。

随着人们生活质量的提高，购物方式也变得轻松自由化、个性化，由此可信电子商务云网上直销方式将会成为发展的趋势。

第六节　物联网与云计算的可信电子家务产业

电子家务的服务宗旨是以人为本。由于提供云计算服务的单位面临十分挑剔的云计算服务定制用户，为了通过高质量的服务，需要采用可信云电子家务系统解决方案。

一、可信电子家务云的组成和原理

智能家居设备是可信电子家务云的核心设备。该设备既是可信电子家务云的服务节点，又是可信电子家务云的用户端。

可信电子家务云的系统结构中，智能家居设备是家庭电子（本地）中央控制器，同时作为可信电子家务云管理平台的服务（提供）节点，接受可信云用户端的访问服务。当左边图智能家居设备访问右边图智能家居设备时，则左边图又成为云用户端。其中，可信云用户端可采用自带摄像头或麦克风的笔记本、上网本、手机等实现。

（一）可信电子家务云的原理

用户端访问智能家居设备的步骤如下：

1.用户端登录可信电子家务云管理平台，向该管理平台定制访问该智能家居设备的服务。该平台随即回传该用户端可信证书，并命令用户端与证书还原模板进行人脸识别，同时进行可信证书签名认证，通过该双重认证后回传平台该通过认证的信息。

2.可信电子家务云管理平台向该端提供该智能家居设备的证书，完成端定制访问服务的交付，实现端对智能家居设备的证书进行签名认证。

3.进行双方安全通道建立的过程，最终该端成功访问智能家居中央控制器。

（二）可信电子家务云的组成

可信电子家务云系统的构成需要管理平台，该管理平台包括可信PKI。设立可信电子家务云可信PKI是因为智能家居中央控制器涉及"家庭安防"，如果互联网上其他用户端可轻易突破该"家庭安防"，则开启防盗门等即轻而易举，安全风险随行而至。

二、可信电子家务云的设计方法和步骤

可信电子家务云具有"家庭安防"等功能设计需求，所以该系统的可信安全设计和该系统的PKI设计是可信安全设计和实现的重点。可信电子家务云的设计方法和实现步骤在某种程度上是该PKI的设计和实现。

因此，这里先讲解可信电子家务云的可信安全设计目标、基于PKI的可信电子家务云层次架构模型等，然后说明可信电子家务云及其结构层是如何设计和实现的。

（一）可信电子家务云的可信安全设计目标

可信电子家务云系统可信安全的宗旨是尽最大努力防范不可信不安全的信

息风险，实现信息系统可信安全，从而确保一个智能家居中央控制器能够可信、安全、有效地完成该用户所要求交付的家务职能，包括家庭安防管理和控制等。

1.可信性目标。确保可信电子家务云管理平台有效率地运转，可信验证且授权用户得到所需智能家居中央控制器的证书服务。可信性目标是可信电子家务云系统的首要安全目标。

2.完整性目标。完整性即用户可信数据完整性、设备可信数据完整性。完整的可信用户联网证书和可信物联网证书，是实现可信电子家务云系统的重要基础。

3.保密性目标。不向非授权用户和非可信云用户端暴露私有或者保密信息。对于可信电子家务云系统而言，保密性是实现可信性和完整性目标的基础。

4.可记录性目标。可信电子家务云系统能够如实记录该用户的可信认证行为。可记录性技术能够杜绝抵赖否认，对检测故障、防止入侵、法律诉讼等行为提供技术支持。

5.保障性目标。提供并正确实现需要的可信电子家务云功能，在用户或者软件无意中出现差错时提供充分保护，在遭受恶意的系统穿透攻击或者旁路攻击时提供充足防护。

（二）可信电子家务云的应用技术设计

可信电子家务云的应用技术设计主要是可信电子家务云管理平台，包括该端、节点等应用技术设计。

1.可信云用户端 IE 的定制外壳。可信云用户端 IE 定制外壳的应用由该云计算管理平台提供，并在云用户端显示。用户即该云用户端实现该 IE 应用网页的定制相关服务。

2.可信云管理平台的技术设计。可信云管理平台的技术设计包括 3 层设计：节点 Web 服务设计，链接各种服务节点，是可信电子家务云安全接口层的可信 Web Services 应用；服务应用设计，是所链接各种服务节点的应用服务业务流程；数据库设计，负责数据记录的存取、检索和查询。

（三）可信电子家务云的应用服务设计

可信电子家务云系统的应用服务设计及其内容和功能系统中，包括可信电子家务云计算管理平台，链接有智能家居中央控制器节点、可信电子政务云节点、可信电子商务云网店节点、可信电子商务云物流节点、可信云用户端。

1.可信电子家务云用户端。设定可信云用户端的用户是拥有智能家居中央控制器的家庭主人。该上网用户端与智能家居分处两地。可信云用户端的用户一旦登录可信电子家务云管理平台的网页，就可向该云定制各种服务，如控制智能家居中央控制器、定制电子商务和政务服务。

2.可信电子家务云管理平台。可信电子家务云管理平台链接有智能家居中央控制器节点、可信电子政务云节点、可信电子商务云网店节点、可信电子商务云物流节点、可信云用户端，可以以可信云方式提供相关服务定制和交付。

第三章
物联网与云计算的智能终端产业

物联网的重点在于终端及其传感器连接事物的计算，云计算的重点在于端与端以及端与数据中心互联的计算，物联网与云计算说到底是智能终端与智能数据中心的相互计算。因此，物联网与云计算的智能终端产业丝毫不亚于物联网与云计算的数据中心产业。

如果说，前一章的重点是数据中心产业，那么本章的重点就是数据终端产业。他山之石，可以攻玉。在论及智能终端产业时，我们不得不论及微软以端技术推动云计算产业发展方式，还不得不论及苹果、谷歌以端应用推动云计算产业发展的方式。

第一节　以端应用推动云计算产业发展

以端应用推动云计算产业发展，既是盈利模式的巧合，也是云端技术内在关系的必然。

一、"做云卖端"商业奇迹

云计算扑面而来的初始，多数人以谷歌收索的盈利模式推断终端已经不再重要。然而，就在大家形成该思维定式之际，"苹果"云端架构的盈利模式悄然成为主流。iPhone 和 iPad、iMac 以及 iTunes 把苹果市值拱上超过微软的世界最大科技公司。最近苹果一度超越中石油成为全球市值第二大企业，目前还稳定在全球第三大市值企业排名。

具有讽刺意味的是，这家公司在 20 世纪 90 年代还处于破产的边缘。苹果的商业奇迹，甚至连第十届全国人大副委员长成思危都倍加赞赏："选择新的产品能吸引消费者购买的产品的是非常重要。在这一点上，我们应该像苹果学习。"（引自成思危在"中国通信业发展高层论坛"上的致辞摘要）。

本章把苹果成功的商业模式归结为作者新创的名词，即"做云卖端"。因为 iPhone 和 iPad、iMac 以及 iTunes 的销售业绩，离不开"苹果"云端架构，离不开云计算开发人员的服务支持，离不开具有云计算服务的丰富友好的用户界面，更离不开并非可有可无的高质量的云端架构的端硬件。有人认为"失去其中一点，就会死掉"。

面对苹果的商业奇迹，谷歌也以发行 Android 为标志，从开始轻视端转向重视端。据国外媒体报道，投资银行 Piper Jaffray 分析师吉恩·蒙斯特在一份研究报告中称，从长远角度讲，基于 Android 的平板电脑将打破苹果 iPad 的主导地位。

更具有里程碑意义的是 APPle TV、Google TV 推出在即。以至于有人认为，面对云端架构的点击互动挑战，传统 WWW 即将淡出，互联网正在迎来非 Web

的新时代。

"睡醒后用床边的 iPad 检查电子邮件；吃早餐时继续用它登录社交网站、发表微博、查看报纸；去公司的路上用智能手机收听播客；上班时用阅读器查看订阅读物；回到家在 Xbox Live 上玩游戏；或者用流媒体服务看电影。"

毫无疑问，苹果、谷歌的上述商业行为必定会推动世界云计算产业的飞速发展。也许有观点认为，是云计算产业发展推动了端的应用。但我宁可认为：我们应该以端的应用推动云计算产业发展。因为商业为了求利，做云是为了卖端；而用户有了端以后，则端用户的应用服务需求自然会日益增长，从而必定会促使云计算产业的发展与之适应。

二、复制"做云卖端"的商业奇迹

"做云卖端"的商业奇迹是否可复制？必须如何做才能实现复制？

为了回答这一问题，我们首先需要了解苹果、谷歌下一波"做云卖端"的动向，然后顺着苹果、谷歌的新动向，结合国内已有产业和市场优势，创新苹果"做云卖端"的商业运作模式，再设置技术门槛和运作排他市场，进而实现复制苹果"做云卖端"的商业奇迹。

（一）了解"做云卖端"动向

近期，谷歌、苹果不约而同地推出"云端 TV"创新计划：Google TV 和 APPle TV。

1. 云端 Google TV。据国外媒体报道，英特尔首席执行官欧德宁在近日接受美国《华尔街日报》采访时透露 Google TV 将于近期上市（赛迪网讯 9 月 12 日消息）。索尼日前发布了基于 Google TV 平台的电视原型机。这是一个全新的 TV 平台，可以快速浏览网站和播放电视节目。

Google 系列强大的合作伙伴包括：Intel、Sony、Logitech、Dish Network、Best Buy、Adobe，进而形成一个完整的 Google TV 生态系统。第一批核心合作者包括电视巨头索尼和芯片大亨英特尔，还有罗技供应多媒体遥控器。

索尼在 IFA 上展示的是一台 40 英寸分辨率为 1920×1080 的液晶电视原型机，安装了 Android 操作系统，支持 Chrome 网页浏览器、Adobe Flash 动画。

2. 云端 APPle TV。APPle TV 是苹果蓄谋已久的。据国外媒体报道，早在 2006 年，苹果首席执行官史蒂夫·乔布斯就曾表示，苹果将推出电视产品"APPle TV"，并视其为继苹果 Mac 主机、iPod 和 iTune 音乐产品、iPhone 手机产品等之后第四大支柱性产品。苹果认为当下是 APPle TV 的时机。

新 APPle TV 的尺寸仅上代产品的四分之一，可以轻松握在手掌中。具体规格为 98mm×98mm×23mm、重 270g。它基于和 iPhone 4、iPad、新 iPod touch 同样的 APPle A4 处理器，但内部没有提供存储空间，而是完全依靠流媒体和网络 存储。

新 APPle TV 在此基础上重新设计了电视界面，可以提供如丰富的好莱坞电影、电视剧集等内容。一切高清化，降低内容价格，不需要连接电脑，不需要管理存储空间，不需要同步媒体数据，并具节能、静音、小巧等。

3.颠覆难以逆转。"云端 TV"是传统电视台商业模式的颠覆，故受到世界各地电视业的围堵。为了维护电视媒体的垄断，电视台纷纷触网，试图从互联网技术中找到保护媒体制播垄断权的方法。但是云端架构的 TV 端似乎必定可以绕过各种技术封锁和行政监管，获取云计算服务。

因此，面对世界各地电视台的警告，苹果、谷歌好像毫不在乎，一路高歌猛进（甚至对我国专家规划的三网融合计划成功展开也会形成威胁）。颠覆，可能会势如破竹，甚至难以逆转。

（二）创新"做云卖端"方法

谷歌、苹果是"做云卖端"标杆企业，Google TV 和 APPle TV 很大程度上左右了世界"做云卖端"的商业方向。了解这个"做云卖端"的风向标，我们就可顺着该新动向，结合国内已有产业和市场优势，创新出"做云卖端"的国产"云端 TV"商品形式和商业模式。

这里以"可信云 PC"创意为例，说明国产"云端 TV"的商品形式。

1."做云卖端"的国产"云端 TV"商品形式。可信云 PC，顾名思义是具有可信云计算服务支持的个人计算机，可信云 PC 由平板电视大屏和可信云计算数据终端，以及 PC&TV 综合遥控器构成。可信云计算数据中心与可信云计算数据终端两者一起通过可信云端互动安全通道，构成具有可信云计算服务支持的个人计算机系统（即可信云 PC 系统）。

其中平板电视大屏可以是目前市购的 50 英寸国产平板电视机，可信云计算数据终端可以富士康或华硕产生的 Wi-Fi 多核凌动迷你计算机（也可以是多核酷睿计算机）；平板电视大屏和可信云计算数据终端简单连接（可以挂墙上，也可以放桌上），通过 PC&TV 综合遥控器，即可上网看电视。

2.重点说明：需要特别指出，可信云 PC 的硬件包括网络摄像头和语音麦克风话筒。尽管网络摄像头和麦克风话筒几乎是 PC 的标准配置，尽管视频聊天等几乎离不开这两个传感器，并且这两个传感器的价格微乎其微。可是，可信云 PC 机的可信云端计算包括接入用户人和物的传感信息（并以此作为信任源）可信"根"云计算。

由此实现在不泄露隐私前提下，自动化确保用户的可信性，包括确保用户的传感信息在云端互动中不被伪造、变造、假冒、损毁，以及篡改、抵赖等。在重要的用户服务消费活动中，可信云计算是非常必要的，也是可信云端互动所必需的。

（1）传感计算的潮流趋势。据国外媒体 2015 年 9 月 25 日报道，苹果获得一项有关移动设备传感识别的新专利。其原理是用户操作移动设备时，底架上的传感器自动识别接触手指并生成"按钮区域"，如用户手指特征不符，则设备发出错误警告。这使设备传感信息的安全计算成为趋势。当然，在非重要服务消费活动场合，用户也可以选择不使用上述设。这些都是自愿的，只要说明这些都是基于"权利和业务"的共存原理，相信用户会自由判断的。

（2）其他愿景说明。通过可信云 PC 之可信云端计算，不久会出现基于拓扑点集建模的网络虚拟人脸、语音等人机交互内容，云计算将从机器虚拟，走向人性虚拟的时代。

（三）"做云卖端"的国产"云端 TV"的商品特点

"做云卖端"的国产"云端 TV"商品特点，可通过比较可信云 PC 与 iMac 和 HTPC，说明国产"云端 TV"与 Google TV 和 APPle TV 的异同。

其中，国产"云端 TV"的硬件是可信云 PC，APPle TV 的硬件是 iMac，Google TV 的硬件是与 HTPC 硬件通用的英特尔多核凌动系统硬件。

1.性能和价格。可信云 PC 与 iMac 和 HTPC 是同类"云端 TV"硬件端，该硬件端产品归根结底是系统集成硬件产品。系统集成硬件的性能取决于系统集成各组成的性能。

在一般硬件端系统集成的各组成中，主板、CPU 散热、电源功耗是主要的技术问题。但比较可信云 PC 与 iMac 和 HTPC 是同类"云端 TV"硬件端的性能，CPU 散热、电源功耗等已经不再重要。因为，一个 50 英寸平板电视机本身的功耗总是存在的，多一个 PC 的功耗似乎无关紧要，因此，问题主要集中在系统主板上面。

而目前所用系统主板都是标准的，所以可以用完全相同的 PC 主板（或笔记本电脑主板或英特尔多核凌动系统主板）。由此，三者主板硬件性能几乎一致。

因此，可信云 PC 与 iMac 和 HTPC，不仅是同类"云端 TV"硬件端，而且性能相当。现在问题的焦点是价格。

众所周知，我国（包括台湾地区）PC 的制造中心，2009 年平板电视的产量，占全球份额达到 20.3%，居全球份额榜首。毫无疑问，我国相关的制造价格是绝对有优势的。

综上所述，可信云 PC 作为"做云卖端"的国产云端 TV 商品，其性价比具有明显优势。

2. 产业链和市场。中国的城市化和城镇化建设方兴未艾。有朋友告诉我，中国的万科是世界最大的住宅开发商。世界上最大的"居者有其屋"工程正在全面实现中。

对众多购房者来说，一台平板电视和上网电脑是较好生活品质的一部分。为此，可信云 PC 作为"做云卖端"的国产"云端 TV"商品，具有广阔的市场。

同时，作为平板大屏电脑电视一体机的可信云 PC"云端 TV"商品，将是家电的核心和家庭装修必备，还是智能家居的载体。

还有，中国即将步入老龄化社会，基于可信云 PC 的"云端 TV"商品将成为祖孙同乐、父慈子孝的家庭和谐装备和亲情表达的手段。总之，可信云 PC 的"云端 TV"商品与日常生活，其方便性和迫切性体现在电脑电视一体化之中。

从用户终端、云计算服务提供，到运营商建设和产业链制造、供应，我国有世界最大的网民群、有世界最大的电信和电视运营商、有世界最大的 PC 和平板电视制造商群（从而也是 PC 和平板电视的组合：可信云 PC 制造商群）。

因此，复制"做云卖端"奇迹的产业和市场条件已经具备。

（四）"做云卖端"的国产"云端 TV"的商业模式

"做云卖端"的商业模式中非常重要的一步是做"云"、建设云计算数据中心。然而，当今的云计算早已不是前几年概念的描述，而是微软、谷歌、IBM、苹果、亚马逊等丰富和成功的商业实践。面对强手如林的国外云计算大鳄，我国的云计算技术专家和建设企业家明显起步晚、底子薄，处于稚嫩的弱势地位。

但是，我们市场在握、可信云计算及其安全的行政主权在手，而且我们还拥有必要的关键技术，因此，我们完全有机会扬长避短、轻松胜出。其策略步骤如下：

1. 建立可信云计算数据中心。与可信云 PC 对应，建立可信云计算数据中心（建设方法参见人民邮电出版社的《可信云安全的关键技术与实现》第 6、7

部分）。本步骤的目的是通过建立可信云计算数据中心，凸显不可信、不安全是国外（微软、谷歌、苹果、亚马逊等）云计算数据中心的缺陷。

2. 设计可信云计算数据终端。设计可信云计算数据终端，就是设计可信云PC（硬件终端）上运行的软件终端（设计方法参见人民邮电出版社的《可信云安全的关键技术与实现》第3、4、5、6、7部分）。本步骤的目的是通过设计可信云计算数据终端，凸显可信云PC及其软件终端的可信安全。

以上行为是为了设置"做云卖端"门槛（包括自主知识产权），以期独占市场。

3. 提供可信云端服务内容。按云计算皆服务的方法，提供可信云端服务内容，包括提供软件服务、基础设施服务和平台服务，还包括存储服务、通信服务、网络互联和监测即服务。同时提供如下两点：

（1）基于云端定制和交付服务的支付软件。提供基于云端定制和交付服务的支付软件是为了增强可信云计算数据中心的电子商务功能，以此使可信云PC能够居家网购。

（2）提供丰富的虚拟社区服务内容（包括商品广告送达、网上电视、电影链接等）。

4. 分发可信云PC套餐。模仿苹果与联通的iPhone手机销售方式，与通道营运商合作【电信、移动、联通、广电（网通）等】合作，通过通道营运商的各种套餐，直接面向终端用户分发可信云PC套餐。本步骤的目的，是简化销售环节，跨过代理、批发、零售渠道，加快销售进程。

三、我们应该如何做

复制苹果"做云卖端"的商业奇迹是一个系统工程。需要政府、企业、个人通力合作，都应该扮好自己的角色，谁都不能缺席。

但政府、企业、个人究竟应该如何做？以下借鉴美国《网络空间可信身份国家战略》（NSTIC），结合中国国情和互联网云计算现状、《可信云安全的关键技术与实现》该书的内容，通过"网络空间的可信云PC身份认证，以及可信云端环境的政府、企业和网民应该如何做"为例进行说明。

其中，NSTIC是美国白宫公布的名为《网络空间可信身份国家战略》。白宫正在推广实施这套系统，并称之为身份生态系统。在建立官方数据库和鉴别用户身份的基础上，把个人、组织和设备有机地结合在一起。

（一）网络空间可信身份认证的政府职能

网络空间可信身份认证的政府职能是建立运行规则，监管运行业务和规则是否一致。

1.建立总控层规则：包括建立基于"可信云端"互动基础设施及其可信云计算身份认证生态环境及其系统的运行规则。

2.建立管理层规则：建立应用上述设施环境的可信"云、端"互动的规则。

3.建立执行层规则：确保个人、企业或组织的（可信云计算身份认证及其系统）运行业务与规则一致。

（二）网络空间可信身份认证的企业功能

可信身份认证按政府管控的接口要求建设云计算数据中心的可信云端互动安全系统包括接入政府总控层、管理层、执行层，并接受管控。

可信身份认证的建设包含可信密码学、可信模式识别、可信融合验证技术的登录系统，使用户无须再去记忆一个不断扩展的并带有安全风险的用户名和密钥即可登录系统。

通过此战略方案，建立起一个可信云端安全互动的技术环境。

（三）网络空间可信身份认证的网民应用

在可信云端安全互动的技术环境里，个人用户可以通过可信云端系统，自行选择（私营或公营）认证服务提供者。

通过各种具有摄像头、麦克风的计算机可信云数据终端，借助可信根计算技术（如计算感器信息，或基于U盘、智能卡、手机等存储的可信数字证书），获得一个可信安全的、可加强隐私的可信身份认证服务。

无须记忆用户名和密钥，即可通过上述可信身份认证服务，保证各种在线业务（如网上银行、医疗保健记录、发送电子邮件等）的可信云计算身份认证安全。

总之，以端应用推动云计算产业发展，必须具有盈利模式，也必须符合云端技术的内在规律。笔者认为，以端应用是推动云计算产业发展，是兼顾产业和商业的理想路线。

第二节 以端技术推动云计算产业发展

微软 Kinect 技术的重要意义在于计算无所不在。计算机只要有摄像头和麦克风就可以计算一切，可以没有键盘、鼠标甚至显示器，只要有喇叭就可人机互动。因此，计算机可以是任何机器或物品形式，它可用于各种控制领域。例如，它可以用于云端智能家居系统及遥控，从而实现以端技术推动云计算产业的发展。

一、微软的 Kinect 产品的基本功能

"Kinect"是微软推出的一款体感设备。人们仅用语音、手势和肢体动作，就可遥控该产品玩视频游戏，用语音和动作代替了传统遥控器。先由 Kinect 的运作原理开始说明。

（一）3D 深度图像和语音传感

Kinect 一次可获取三种传感信息：彩色动作图像、位置深度图像以及声音信息。

1.3D 深度图像。在 Kinect 上的 3D 深度图像传感器首先是 Kinect 机身上有 3 个镜头，中间的镜头是一般常见的 RGB 彩色摄影机，左右两边镜头则分别为红外线发射器和红外线 CMOS 摄影机所构成的 3D 深度感应器，Kinect 主要就是靠 3D 深度感应器探测玩家的动作。

2.3D 深度语音传感。3D 深度语音传感是通过麦克风数组，将多个麦克风一个接一个地排列成麦克风的间隔距离排列样式，让它们一起工作以产生出一个合成输出信号或多组信号。以此方向定位，以及计算声源与数组之间的距离，从而实现称之为"波束成形"的 3D 深度语音传感技术。

微软发明的"波束成形"的麦克风技术不仅可以消除语音输入信号的周围噪声，还改善了听觉辅助系统、语音识别设备和电信产品的语音质量，从而使话筒忽略游戏过程中客厅里可能产生的环境噪声，只专注于玩家口令。

（二）微软 Kinect 娱乐原理

微软 Kinect 通过包括摄像头、红外深度感应器和麦克风等传感器，可以探测到玩家全身所有动作。玩家站在摄像机跟前时，这项技术可以描绘玩家的轮廓图，让其手、脚和头部动作可以很快触发屏幕上的相应动作。

具体来说，Kinect 侦测的最佳距离为 1.2~3.5m 间，水平视野则是 57°。Kinect 也配备了追焦系统，如果玩家超出摄像范围，底座马达可驱动 Kinect 左右旋转 27°。

二、微软的 Kinect 产品的派生功能

Kinect 的吸引力在于该配备的摄像头、传感器和软件即可探测人们的动作、距离、外形和位置。因此有很多程序员、机器人专家和业余爱好者试图将该产品用于其他用途。

（一）语音或手势识别操控电脑

这里要介绍以下例子，说明微软的 Kinect 产品的派生功能及其应用。

1.手势和动作遥控光标浏览网页。美国麻省理工学院的一些研究人员开发了一个名为 DepthJS 的系统，利用微软 Xbox 游戏主机的外设 Kinect，通过手势和动作浏览网页。

一段视频显示，研究人员在一台计算机上加装了 Kinect，并通过 DepthJS 软件追踪使用者的手势和动作，实现了网页浏览、缩放、点击和选择等操作。尽管这种操作方式并不是浏览网页的最佳选择，但它提供了人机交互的全新思路。

与此同时，一家名为 Evoluce 的公司为 Kinect 开发了一款名为"多点触摸管理"（MIM）的驱动，可使用手势和动作实现对 Windows 7 系统的简单操作。

这家位于慕尼黑的公司展示的一款为 Windows 7 设计的 Kinect 应用：这款应用支持类似触屏手机多点触控的方式用双手进行图片的缩放、拖曳，甚至支持双人互不干扰的同时操作，最后他们还展示了一款用手指当作画笔的简易画图程序。

2.空气的 3D 涂鸦。也有极具创意的用户利用 Kinect 在空气中进行 3D 涂鸦，然后用手推动其旋转。还有人通过电脑屏幕操纵色彩丰富的动画玩偶。这些创意大部分是利用上述竞赛所发布的开源代码实现的。这场竞赛由弗莱德和托罗安资助，冠军是来自西班牙的 20 岁机械工程学生哈克多·马丁（Hector Martin）。

麻省理工学院的博士生菲利普·罗贝尔（Philipp Robbel）用一个周末的时

间将 Kinect 和 iRobot Greate 的功能结合在一起，设计出一款新产品，他称为"KinectBot"。这个创意利用 Kinect 传感器探测人的存在，并执行人们通过肢体动作或声音发出的命令，并且可以把"看到"的东西制成 3D 地图。

罗贝尔表示，KinectBot 的设计将来可以用于自然灾害中的搜救工作。他这样描述对 Kinect 的实验浪潮："这只是冰山一角，随着更多的人使用 Kinect，接下来几周或几个月我们会看到更多类似的视频和实验。"

另外，当电脑科学家奥利弗·克雷洛斯听说微软的新产品 Kinect 体感游戏设备的功能时，他迫不及待地想尝试一下。他说："我放下了所有的事情，骑车去最近的游戏商店买了一台。"然而，他对使用 Kinect 玩游戏并不感兴趣。

克雷洛斯专门研究虚拟现实和 3D 图像。他刚刚意识到自己可以下载一些软件，然后通过自己的电脑使用 Kinect。上周，他上传到 YouTube 上的视频，浏览量达到 130 万次。

（二）微软乐见的剖解行为

用户为求创新应用，开始剖解 Kinect，微软则从"容忍"转向"乐见"该剖解行为。

1. 破解微软。在 Kinect 上市当天，弗莱德女士和《*Make*》杂志资深编辑菲利普·托罗安（Phillip Torrone）举办了一项竞赛：如果有人设计并公布一款软件，使 Kinect 可以与电脑一起运行而无须连接 Xbox，这个人将获得 3000 美元的奖励。

对于这项竞赛，微软很快泼了冷水。微软的一名代表称，微软"不容忍修改其产品的行为"，并将"与执法部门密切合作，确保 Kinect 不被篡改"。

这与苹果的做法十分类似。苹果通过更新 iPhone 操作系统来防止破解，并防止未经授权的软件在其平台上运行。

但不少公司对第三方修改持鼓励态度。比如 iRobot，这家公司制造了著名的 Roomba 小型机器人吸尘器。由于 Roomba 非常受机器人爱好者欢迎，iRobot 甚至发布了一款没有清洁功能的 iRobot Create，用户可以根据自己的兴趣进行设计。

微软 Xbox Live 高级主管克雷格·戴维森（Craig Davidson）表示，微软目前对这个 Kinect 破解俱乐部并不担心，但会留意其发展。他说，擅自修改 Kinect 会损害 Xbox 系统，违反公司服务条款，并且"损害用户体验，我们不希望这样的事情发生"。

2. 微软态度转变。自 2010 年 11 月 4 日 Kinect 上市以来，微软采取了两种不同的态度。起初，微软提出了模糊的警告，声称将与执法部门合作以阻止这种"篡改产品"的行为。但是不久后微软开始接受这种无处不在的"黑客行为"。

微软 Xbox Live 高级主管克雷格·戴维森表示："每当我们的技术引起参与和兴奋时，我们都认为这是好事。那种希望新科技面世后不被修改的想法是幼稚的。"

商业研究和咨询公司 Frost&Sullivan 分析师劳恩·约翰逊（Loren Johnson）表示，微软等企业关注、借鉴这种外部创新的做法是明智的。

他说："这种改进可能对企业盈利十分有利，而且这是一种不容辩驳的趋势，企业可以借此利用公共资源改进产品，对 Kinect 和其他产品来说都是如此。"

微软在 Kinect 上投入了数亿美元，以期赢得更多游戏玩家，包括那些喜欢用任天堂体感游戏控制器的玩家。

关于 Kinect 的高超技术和低廉价格的讨论很快在科技界传开。纽约 Adafruit Industries 公司创始人丽茉·弗莱德（Limor Fried）表示，制造 Kinect 这种设备需要"数千美元，很多博士的研究，以及数月的时间，但你只需 150 美元就可以在商店买到。"

第三节　物联网手机的泛在移动

有微电子专家专门设计了一个特别手机 SIM 芯片卡。该专家说，他把手机缩小在 SIM 芯片卡了，称该芯片卡为 SIM-RF。

SIM-RF 芯片看上去和现有 SIM 卡并没有区别，但该专家却告诉我，SIM-RF 除有一个 SIM 卡，其实还内嵌了一个完整无线通信模块，该专家介绍道：SIM-RF 最大的好处是其正面具有与现有 SIM 卡完全相同的外形和引脚，功能也完全兼容现有的 SIM 卡；而背面印刷层下却隐含附带天线、最新 ARM 内核的 32 位高性能微处理器，以及连接 SIM 的输入输出接口，总之这是一个完整无线射频的片上系统。

"即使智能手机的芯片也不过如此；这种 SIM 卡芯片装在手机中，等于在手机里面再嵌入一只手机，这样就可以使现有的手机一变为二：一个仍旧作为传统电话，一个专门用于定义任何特殊用途"，该专家如告诉我。我问该专家为什么要这样做。"为了应对物联网新时代的来临"，该专家说，"设计的最初动机是为了在移动电子商务领域开疆辟土，后来联想到物联网中的手机需要泛在移动。"

"为此，在 SIM-RF 中集成了无线 Mesh 通信技术，"该专家解释这种无线 Mesh 通信技术，"是目前世界最先进的无中心点对点通信技术；SIM-RF 既是无线服务器，也是无线终端，还是无线路由器，Mesh 正是多功能的网格技术。SIM-RF 因此成为世界独创"。

一、物联网移动电子商务

我向该专家提出要求，"是否可以给我举一个例子，在物联网 SIM-RF 是如何使用的"。该专家举例说，"SIM-RF 芯片卡在物联网的一种应用是手机刷卡支付"。"只要把 SIM-RF 替换手机 SIM 卡，手机就具有刷卡支付功能，其优点是无须改造手机，就能够使现有手机都具有手机刷卡功能。这可以分解为两个步骤。"

（一）手机账户中划款充值

用户发觉 SIM-RF 的余额不足时，就通过运营商到自己的手机账户中划款充值。发现自己手机账户中也余额不足，就通过运营商到自己家人手机账户中划款充值。可是家人手机账户中也余额不足。最后接通银行，从自己的银行账户中划款充值。

（二）手机刷卡支付消费

附带电子秤的收银机（POS）也内嵌有 SIM-RF 卡。收银机根据水果在电子秤的称重数据，与手机刷卡者协商刷卡金额，手机刷卡可以自动确认，也可以手动确认。收银者该确认金额，从手机刷卡的 SIM-RF 接受相关金额到收银机的 SIM-RF 中。

SIM-RF 还有一个好处是内置标准物联网通信协议，因此可以设置是否要求移动 POS 中控制打印机开票，从而完成用手机刷卡支付的消费过程。

我非常清楚 SIM-RF 的商业价值，因为这是物联网移动电子商务的技术核心；市场上也有使用 NFC 和 SIMpass 技术实现手机刷卡的，但那些技术需要改造手机，才能够实现手机刷卡功能，所以在推广使用上有相当难度。

另有一家企业使用 RF-SIM 技术实现手机刷卡。但是该产品因为不能集成无线 Mesh 技术，所以不能进行泛在网络中移动。

目前，SIM-RF 是世界上唯一能进行泛在网络中移动的技术。下面该专家讲解 SIM-RF 是如何实现泛在移动的。

二、手机实现泛在移动

该专家认为，手机最大的优势是可接入各种数据中心，也可作为云端互动架构中的终端。该专家告诉我，这些用户终端通过接入移动运营商行业网关，可以专线连接到银行、保险、政府、行业协会等云计算数据中心，也可以通过接入互联网网关连接到各企业的网站服务器，也可以直接接入运营商代理服务器的集团客户侧，从而使这些用户终端，以及手机的功能显得非常强大，甚至可虚拟成超级计算机。

SIM-RF 可插入这些终端，使该终端移动在泛在网络，充分发挥物联网的作用。

（一）家庭移动泛在网络

该专家向我描述，在各个家电中插入 SIM-RF，可以使任何家电都能够上网。因为 SIM-RF 使用 Mesh 技术，所以每一个家电中插入的 SIM-RF 都是服务器、终端，同时还是路由器。包括手机在内，每一个家电都可以相互无线连接，相互无线漫游，相互无线中继，也就是相互无线网格联网。尽管有的家电可能离互联网接入端比较远，但因为每一个家电中都插入 SIM-RF，所以远的家电可通过近的家电，由远到近相互中继，最终都能接入互联网。因为家电能通过泛在网络接入互联网，所以每个物联网家电的情况都可以在网上获知。从而诸如根据冰箱食物的存储，超市可以直接送货上门。

（二）企业移动泛在网络

该专家又向我描述在每一个工农业终端插入 SIM-RF 的情形。各个工农业终端插入 SIM-RF，这些设备也能够自组织为泛在网络，从而通过该泛在网络这些企业的设备都能够上网。该专家开始展望 SIM-RF 的宏伟蓝图，所有的生产资料都智能化，所有的生产工具都智能化，所有的生产者都能够与它们智能对话为人服务。我为该专家描述的前景所深深吸引。

三、"人移"泛在网络移动

电子商务是信息化条件下具有强大生命力的新型经济业态，已成为各国特别是发达国家增强经济竞争实力、赢得全球资源配置优势的有效手段，具有广阔发展前景。

据有关数据显示，全球移动电子商务的年收入 2016 年年末达到 5540 亿美元，占全球在线交易市场 15% 的份额，全球移动电子商务用户数量达到 16.7 亿户。

2016 年，中国手机用户达到 8.5 亿，移动电子商务用户超过 7000 万户。专家预计，2017 年中国手机支付市场规模将达到 19.74 亿元，用户规模将达到 8250 万人。

该专家认为，有多少移动电子商务用户，就应该有他的 SIM-RF 手机卡相应份额。专家上述关于物联网移动电子商务的介绍充分说明了 SIM-RF 手机卡具有广阔前景。

（一）总体思路

通过合作移动运营商，充分利用 SIM-RF 移动终端和移动网络，把握信息流、资金流、物流三流合一的契机，以移动支付、自动交易为核心业务，打造移动电子商务系统。

因为用户需求旺盛，这些移动运营商正在加速全面推进，移动交易、移动公共交通、移动公用事业缴费、移动农业电子商务四项业务。

已经推出的移动电子商务业务有手机缴费、手机投注（福彩、体彩）、手机购书（影音书刊俱乐部）、手机购电影票、手机购车票、手机网上购物等。

（二）移动电子商务种类

据了解，手机缴税、移动电力缴费、移动星城通、移动公交一卡通业务已正式上线，移动公共交通取得突破。此外，已开始着手制定移动公交一卡通标准、手机钱包标准、移动公用事业缴费标准、农村移动电子商务标准等移动电子商务业务标准。

（三）移动电子商务产业链初具雏形

全国移动电子商务服务平台建成上线，依托该平台，同时将带动移动电子商务软件、服务、制造、研发等产业的聚集，形成产业聚集效应。

（四）推行移动小额支付工程

通过 SIM-RF 布放移动 POS 终端，实现手机购物等现场支付功能，开展企业对个人（B2C）的远程交易服务，扩展服务范围，提升企业信息化水平。

（五）移动便民网上购物工程

借助 SMS、GPRS、移动互联网等无线技术，通过短信、语音、网站、手机定制终端软件等方式的远程移动支付业务，实现基于手机终端的互联网远程购物功能及业务应用。

（六）移动企业一卡通工程

推广 SIM-RF 无线射频识别，推广企业内部移动电子商务刷卡服务，实现企业员工考勤、企业门禁、车库管理、安保、内部消费支付等功能。

（七）实现移动公交一卡通工程

通过 SIM-RF 技术对车载 POS 终端、公交 IC 卡进行改造，实现手机刷卡乘坐公交的移动公交一卡通应用，方便大家使用 SIM-RF 移动公交一卡通。

第四节　物联网智能家居

什么是智能家居？这是一个看似简单却不容易回答的问题。智能家居技术专家认为，可以把住宅的智能家居系统理解为一个人，关键在于使这个"人"具有怎样的才华。专家看似并没有内容的回答，却让人感觉其中内涵非常丰富。

因为是把住宅的智能家居系统建设得像一个人，使之具有人的肢体、感觉器官、大脑，最重要的是使之具有人的智慧和情怀。

一、物联网智能家居云数据中心

（一）物联网智能家居系统组成

物联网智能家居系统分为数据监控中心和终端用户两部分。数据监控中心包括云计算监控管理平台及其数据中心。用户终端内嵌物联网管理平台和微型数据中心，该物联网管理平台依托 Wi-Fi 技术、RF 无线传输技术、传感器技术、嵌入式智能技术及实时数据交换等多种技术，以此组成智能家居内部物联网，由此通过该微型数据中心对物联网数据进行存储管理。联系数据监控中心与用户终端的泛在网络包括 3G 网络、4G 网络、光缆网络、城域宽带网络和其他接入载体网络。

（二）联网智能家居大脑

所谓物联网智能家居"人"之大脑，本质是一个典型的云端结构体，其中用户终端是数据监控中心的分身，承担着数据监控中心云计算的远程运算功能。数据监控中心一方面监控管理各用户终端安防状态，另一方面为用户提供各类居家生活所必需的云计算服务。数据监控中心和用户终端看似分为两部分，其实用户终端正是数据监控中心虚拟的基础设施，数据监控中心则通过用户终端及其物联网管理平台，实现智能家居内部物联网管控，从而使数据监控中心和用户终端浑然一体，实施物联网智能家居所具有的功能，包括：

1. 用户终端中心平时本地处理力所能及的事务。

2. 一旦本地发生超出能力所及的事务，用户终端则请求数据监控中心云计算机处理该事务。

3. 数据监控中心监控管理各用户终端事务处理是否正确，并纠正该错误处理行为。

二、用户终端系统

物联网智能家居系统的用户终端系统中，用户终端是一套旨在解决家庭无线宽带覆盖、家居安防、家居智能、家庭娱乐、家庭信息以及小区智能化为一体的，具有技术前瞻性的全方位数字家庭产品。其中，具备无线路由功能的用户终端基座无线联系和管理各种用户终端，包括台式电脑、笔记本电脑、掌上电脑，手机等。经由物联网泛在网络接入口（包括互联网）用户可以获取云数据中心日常系统求证和管理监控帮助。

（一）物联网智能家居传感器系统

所谓智能家居的"人"的感觉器官，包括眼和耳、鼻子等。其中的眼和耳是网络数字摄像头和麦克风，鼻子是烟雾煤气传感器，各种安全防范设置的居家安防传感器，可以采集各种入侵、防盗防抢的报警信息，又可以进行烟雾煤气信息报警，还可以经由本地或云计算监控和防范意外发生。

（二）物联网智能家居服务功能

所谓智能家居的"人"的肢体器官，就是代替人手的各种雇佣服务；智能家居的用户可以通过监控数据中心的云计算服务器，定制这些雇佣服务的请求；监控数据中心则会根据定制雇佣服务内容，安排调度人手到定制雇佣服务的用户家里，进行上门服务。

智能家居系统可供服务细节如下：

家政服务：月嫂、保姆、护理、保洁、干洗、送水、换气、送奶。

维修装修：水电、管道、房屋、厨卫、家电、电脑、装修、装饰设计。

餐饮外卖：快餐店、小吃馆、特色熟食店、清真馆。

旅游住宿：名胜介绍、景点介绍、旅行社、酒店、星级酒店、招待所、旅馆。

卫生医疗：综合医院、专科医院、医保医院、药店、诊所、社区医疗点、康复中心、老年公寓、宠物医院。

美容健身：美容、美发、健身、保健。

购物指南：商场、超市、精品屋、专卖店、品牌专柜、社区百货店、花店。

教育培训：考试辅导、特长培训、综合培训、家教。

搬运物流：搬家、运输、邮政、快递、物流。

旅游服务：景点介绍、旅行社。

法律援助：法律咨询、律师服务、公正。

票务服务：飞机票、火车票、汽车票、球赛、演唱会、会展等票务的订购、航班信息、列车时刻。

中介服务：婚姻介绍、房屋中介、人才交流、会计审计、代理代办。

殡葬服务：殡葬用品、墓地服务。

金融电信：银行、电信运营商、保险公司、投资理财。

娱乐生活：影院、酒吧、KTV、洗浴中心、俱乐部。

房产物业：楼盘信息、最新楼盘、二手房置换。

实用信息：常用电话、公交查询、停电停水信息、修路信息、天气报告。

智能安防：一键布防、一键加密码撤防、一键呼叫管理中心。

同时还具有叫车热线、主叫关怀、家庭管家、生活顾问、私家医生、个人秘书及家庭保安等服务。

三、智能家居云端互动系统

物联网智能家居系统的运营、用户使用终端与监控数据中心的云端互动包括如下：

（一）物联网智能家居系统运营

物联网智能家居系统可以由互联网营运商运营，也可以由3G、4G电信营运商直接运营。3G、4G电信营运商至少可以获取如下收益：

1.快速启动和占领3G家用市场。

2.家庭用户固定网络流量资费收益。

3. 家庭固定电话资费收益。

4. 增值服务定制资费收益。

5. 终端广告收益。

6. 带动 3G、4G 手机用户增长（对家中进行视频监控，用 4G 手机更流畅）。

智能家居物联网云数据中心营运的架构中，营运商经该物联网云数据中心营运架构，管理终端用户灵活使用智能家居。

（二）用户终端与监控数据中心的云端互动方式

智能家居技术专家说明终端用户的多种使用方式如下：

1. 移动用户终端使用方式。终端用户不仅在家中，也可以在办公室中，还可以在汽车上智能管理家居。智能家居物联网满足现代家庭和小区住宅在智能化、舒适性等方面的需要，做到身在外，家就在身边，回到家世界就在面前。它使家庭设备活起来，原本呆板的家庭设备具备人的灵性，物我和谐共存。

2. 固定用户终端使用方式。固定用户终端使用方式包括各种用户终端经无线路由基座接入泛在网络的过程。固定用户终端使用方式中，各种用户终端经由无线路由基座，接入泛在网络到该物联网云数据中心。

其中，具备无线路由功能的用户终端基座还能够无线联系和管理各种传感器和控制开关，包括摄像头和麦克风、红外入侵报警、烟雾煤气报警、防盗防抢报警等安防传感器，还包括电灯、窗帘、电视剧空调、电冰箱、电饭煲等控制开关和调节器。

四、物联网智能家居中心简介

用户终端具有微数据中心功能。无线路由基座联系和管理各种传感器和控制开关，该微数据中心可以描述无线路由基座是如何联系和管理各种传感器和控制开关的。无线路由基座实现联系和管理各种智能居家设备主要依靠以下两部分：

（一）居家安防传感器设置

各种居家安防传感器的安全防范设置中，各种安全防范设置的居家安防传感器可以采集各种入侵、防盗防抢的报警信息，还可以参加烟雾煤气报警信息，经由本地或云计算监控和防范意外发生。

（二）家居智能电器控制调节设置

各种家居智能电器控制调节开关设置中，各种安全防范设置的家居智能电器控制调节开关可以采集各种电器的使用状态信息，可以经由本地或云计算所采集信息，自动化监控电器使用。

也就是说，无论在本地还是在网络远程，只要触控图中灯控开关就能够控制电灯，同理，只要触控图中其他开关就能够控制相应的电器设备。

物联网改变家居生活方式。物联网智能家居是如何才具有"人"的智慧和情怀的。用户终端可以本地化应答用户服务定制，当难以交付用户定制的服务内容时，也可自动化接入监控数据中心，由监控数据中心采用云计算方式，交付用户定制的服务内容。当监控数据中心采用云计算也不能交付用户定制时，就转为人工服务方式交付用户定制的内容。

所谓用户服务定制也是广义的，它无须用户人工干预。比如，用户终端中心通过煤气传感器采集并计算出住宅内有煤气泄漏，则马上向主人报警；如果主人没有反应，则去自动化关闭煤气阀门；如果这一过程失败，就立刻自动化接入监控数据中心，如经云计算分析处理尚难排斥险情，则马上动员物业管理破门抢险。

用户服务定制是丰富多彩的，上述例子只是其中一种表现方式。必须指出最后一点，如监控数据中心经过云计算，尚难交付用户定制服务，则必须立马转为人工服务方式交付用户定制的内容。

必须突出强调，这是最为重要的。因为如果机器无法自动化排斥上述煤气灾险，人工排险则是唯一选择；否则人命关天，不怕一万只怕万一。

人性智慧住宅中装备有门口主机摄像头和中心主机模式识别系统，各种传感器可以感知是否有人走近宅门。当你走近智慧住宅时，因为宅门具有智慧模式识别技术，故智慧模式识别设备会认知你的语音和肢体行为特征，做到万无一失地安全把门。

你可以在回家前先发条短信，浴缸里就能自动放洗澡水，然后烧水并测试水温是否合适你的洗澡用水，你回家进门后住宅即会告诉你已经放好洗澡水。

家中的电器开关也无须按遥控器，只要你说话就可全部控制，再也不用冬天冒寒冷下床关灯。所有智能家居的生活服务功能（如家庭安防、可视电话、地图信息、电子相册等）都可以通过与智慧住宅人性对话，展示多种人性化功能。

形象地说，当你准备驾车出门时，你可及时询问智慧住宅主城区实时路况，以避免堵车。

当你身在千里之外，如家里电灯未关或自来水管漏水，或有小偷闯入家中，第一时间你的手机会接到自动报警。如你下班准备回家，只需用鼠标轻轻一点或拨打手机，即可遥控开启家中各种电器。足不出户，就可经可视电话同千里之外的朋友作面对面的交谈。

上述内容被统一称为智能家居系统的功能。那么如何使物联网智能家居具有"人"的智慧和情怀呢？答案是使用人工进行物联网智能家居服务，从而使物联网智能家居具有"人"的智慧和情怀。

因为，当智能家居用户终端不能够满足人的需要时，切换到人工控制台，按"人"的智慧和情怀进行相关服务，这一点应该是毋庸置疑的。

第五节　物联网智能交通

IBM 公司是智能交通的专家，IBM 公司从网络上向大家讲解了有关智能交通的知识。

交通堵塞对大多数城市居民来说都是一个令人头疼的问题。但即便面对高昂的油费、高峰时期的拥堵和环境污染，人们对汽车的痴迷似乎总是难以割舍。

一、斯德哥尔摩的道路收费系统

瑞典的斯德哥尔摩是一座由岛屿组成的城市。14 个城镇大小的岛屿由各式桥梁相连，居民们或驾车或漫步，穿行于岛屿之间。缓行的轮船可以驶遍群岛。但多年以来，这里的交通堵塞问题不断加剧，每天都有超过 50 万辆汽车涌入城市。传统手段无法根治交通问题。斯德哥尔摩地区的人口正以每年 2 万人的速度增长，这意味着车流量将不断增加，城市道路承受的负荷越来越大，仅靠造桥修路无法解决问题。道路建设满足不了交通需求，而且环境也不堪重负。市政当局都鼓励人们乘坐公共交通工具，然而拥堵情况仍愈演愈烈。因此，瑞典国家公路管理局和斯德哥尔摩市政厅在几年前便开始另寻出路，希望找到一种既能缓解城市交通堵塞又能减少空气污染的两全之策。

在 IBM 的协助下，斯德哥尔摩市找到了解决方案。这是一种创新的高科技交通收费系统，它直接向高峰时间在市中心道路行驶的车辆驾驶者收费。当局希望于 2006 年 1 月启动的试行计划能鼓励更多的人放弃开车，转而乘坐公共交通工具。该收费计划的另一个目的是改善斯德哥尔摩城区的环境，尤其是空气质量。在该项计划中，分布于斯德哥尔摩城区出入口的 18 个路边控制站将识别每天过往的车辆，并根据不同时段进行收费，高峰时间多收费，其他时段少收费。该项计划的工作原理如下：

1. 在车上驾驶者身上安装简单的应答器标签，该标签将与控制站的收发器进行通信，同时自动征收道路使用费。

2. 在指定的拥堵时段，车辆通过路边控制站，收发器就会通过传感器识别该车辆。

3. 经过控制站的车辆会被摄像，车牌号码将用于识别未安装标签的车辆，并作为强制执行收费的证据。

4. 车辆信息将输入计算机系统，以便与车辆登记数据进行匹配，并直接向车主收费。

5. 驾驶者可以通过当地的银行、互联网或社区便利商店支付账单。该过程所运用的技术包括：利用无线电波自动识别目标的 RFID 标签、探测和测量物理标签信息并可将其转换成计算机可接收信号的小型传感器。

上述计划中采用一项新兴技术即可视字符识别软件，可以从任意角度辨别车辆的牌照。

由于光线强度的不同，天气恶劣或者拍摄视角欠佳，标准系统可能无法识别道路控制站的照相机拍摄的部分汽车牌照。IBM 研究中心开发了一种完善的识别系统，可以利用各种算法对不清晰的车牌图像进行两次识别。这些算法利用图像增强以及前后车牌比对技术，对整个图像进行分析并搜寻预先设定的模式。算法模拟人眼的机能，不断移动图像直到找出最佳视角并识别出预期的模式，从而还原出通常无法识别的车牌。识别车辆之后，系统会自动记录车牌号码，并对照车辆登记信息进行收费。

二、以人为本的示范道路收费系统

对缓解斯德哥尔摩的交通堵塞和提高市民生活的总体质量起到了立竿见影的作用。试运行结束时，城区的车流量降低了近 25%，每天乘坐轨道交通工具或公共汽车的人数增加了 4 万人。

此外，斯德哥尔摩城区因车流量减少而降低的废气排放量达 8~14 个百分点，二氧化碳等温室气体排放量降低了 40%。由于当地仍有部分居民对此计划心存疑虑，斯德哥尔摩市当局决定将道路收费方案试行一年，然后以公民表决的形式决定是否永久实行该计划。

与此同时，在经济和环境上，世界各地越来越关注交通运输管理面临的难题。每个城市的政府都在努力解决车流量增加、油价上升、交通堵塞加剧以及备受关注的环境问题。

在规模、范围和完善性方面斯德哥尔摩的解决方案都是以人为本的示范榜样。然而，和斯德哥尔摩市开发的系统一样，任何复杂系统的成功实施不仅仅需要尖端的科技，还必须掌握事物运行的原理，了解人与人之间的相互关系，研究如何使流程更有效、更人性化，并综合运用能支持真正创新的大量技术、技能、方法及能力。

三、收费系统的工作原理

该计划运用激光、摄像和系统技术，自动连贯地对车辆进行探测、识别和收费，从而实现了一个无须停车的路边收费系统。在该项计划中，分布于斯德哥尔摩城区出入口的 18 个路边控制站将识别车辆并根据一天的不同时刻对车辆收费。

该收费系统的工作原理步骤如下：1. 车辆通过激光束，触动收发器天线。2. 收发器向车辆的车载应答器发出信号，并记录时间、日期和缴税额。3. 在收发器工作的同时，摄像机会拍摄车辆的车头牌照。4. 车辆通过第二道激光束，启动第二台摄像机。5. 第二台摄像机拍摄车尾牌照，以上所有步骤均无须车辆减速。6. 费用从驾驶者的账户扣除，或通过网络、银行和 Pressbyran 等零售店支付。

斯德哥尔摩在不同的时间通过一次控制站所缴纳的税金分别为 10、15 或 20 瑞典克朗（合 1.5~3.0 美元）。收费最高时段上午 7：30~8：29 和下午 4：00~5：29 的高峰时段。单车日缴费额最高为 60 瑞典克朗（约合 8.50 美元）。

第四章
节能环保产业的物联网与云计算

用电是我国南方城市节能增效的热点，供热是我国北方城市节能增效的热点，就二者基础设施的共同特征而言，城市用电和供热非常适合采用物联网与云计算实现节能增效。有趣的是，云计算概念发明者在其《IT不再重要》的书中，竟是从观察大型发电厂获得云计算创意的。

第一节 供热基础设施的物联网与云计算节能增效

城市集中供热如同云计算供应信息，这一概念居然与云计算的概念如出一辙。而云计算加上物联网就能够使城市集中供热的基础设施成为具有节能增效功能的基础设施。

一、城市集中供热与云计算

城市集中供热即城市集中热源以蒸汽或热水为介质，经供热管网向全市或其中某一地区的用户供应生活和生产用热，也称区域或集中供热，是城市能源建设的一项基础设施。城市集中供热的简史的优越性非常像 IT 采用云计算的发展简史和理由。

（一）集中供热简史与云计算

以下集中供热简史非常像 IT 采用云计算的发展简史。

1. 集中供热简史。集中供热的方式始于 1877 年。当时美国纽约的洛克波特建成了第一个区域性锅炉房向附近 14 家用户供热。1880 年又利用带动发电机的往复式蒸汽机排气供热。20 世纪初，一些国家发展了热电站，实行热电联产，利用蒸汽轮机的抽气或排气供热，以后又利用内燃机和燃气轮机的排气供热。

第二次世界大战后，苏联、联邦德国以及东欧一些国家的集中供热发展较快。1973 年以来，由于能源供应紧张、燃料价格大幅度上涨，为了节约能源，改善环境，有更多国家重视和加快集中供热的发展。当时，苏联生产和生活总热量的 70% 取自集中供热，丹麦有 1/3 以上的建筑物用集中供热。

中国的城市集中供热自 20 世纪 50 年代以来有较大发展，先后在长春、吉林和北京等城市建立了热电站，向附近工厂和职工宿舍以及城市的民用建筑供应生产和生活用热。

至 1983 年，全国已有 17 个城市有集中供热系统。其中，北京是供热规模较大的一个，有两个热电站和一个区域锅炉房联合供热，已供应约 90 家工厂和 800 万平方米民用建筑的生产和生活用热。

2. 云计算的发展简史。云计算的发展简史包括计算机的单机使用、局域网使用、广域网使用、互联网使用，最后发展到云计算使用。当然，这里的计算机要理解为服务器，该服务器就非常像一个锅炉房了，只不过，锅炉房提供的是热，服务器提供的是信息。

（二）集中供热的优越性与云计算

以下集中供热优越性的描述非常像 IT 采用云计算的理由。

1. 集中供热的优越性。集中供热方式有很多优点：

首先，可提高能源利用率，节约能源。大型凝汽式机组的发电热效率一般不超过 40%，而供热机组的热电联产综合热效率可达 85% 左右。分散的小型烧煤锅炉热效率只有 50%~60%，而区域锅炉房的大型供热锅炉热效率可达80%~90%。

其次，采用热电站和区域锅炉房供热，就有条件安装高烟囱和高效率的烟气净化装置，从而减轻大气污染，还容易实现当地低质燃料和垃圾的利用。

最后，采用集中供热可以腾出城市中大批分散的小锅炉房的占地，减少司炉人员，免除城市中分运燃料和灰渣的运输量，消除这些运输过程中灰尘颗粒的散落，并大大节约用地，降低运行费用，减少劳动力，改善市容和环境卫生。

此外，由于集中供热方式容易实行科学管理，还可以提高供热的质量。

2. 云计算供应信息的优越性。云计算的集中信息供应的优越性与集中供热方式异曲同工。如果不用谷歌检索信息，那么在互联网世界里向每位信息发布者获取自己想要的信息，所花费的时间一定会难以想象。

而使用谷歌，你输入关键字后，由千百台电脑组成的 Google 公司数据网络即会在几十亿个网页组成的数据库中搜索，选出与你的关键字最匹配的几千个网页，按相关程度排好序，并将结果通过互联网传到你电脑的屏幕上，这一切通常只花零点几秒。

二、具有节能增效基础设施的物联网与云计算

城市集中供热系统和热源是城市集中供热基础设施。但是如果采用物联网与云计算，该基础设施就具有节能增效的功能。

（一）集中供热系统的物联网云计算

集中供热系统包括热源、热网和用户 3 部分。这 3 部分都可以采用物联网与云计算进行节能增效的应用环节。

1. 城市集中供热热源的物联网与云计算。使用物联网与云计算把主要的热电站和区域锅炉房通过能效传感器和控制器连接起来。把区域锅炉房单独供热与热电站联合供热通过物联网与云计算进行能效监控和计算，从而达到节能增效的目的。发展物联网与云计算的城市集中供热节能增效为城市所必需。

例如，需要计算热负荷密度、采暖期长短、常年负荷大小、燃料价格以及热源建设条件等，选择云计算监控现实可行、经济合理的方式，并应与城市建设密切配合，以充分发挥经济效益。

物联网与云计算进一步提高了城市供热的经济性。例如，发展大功率、高参数的供热机组，将现有凝汽机组改为供热机组；因地制宜，合理利用工业余热和地热；推广热电站和区域锅炉以及其他热源的联合运行；加大供回水温差；所有这些都极为需要基于物联网与云计算的自动化控制仪表系统。

又如，热电站和区域锅炉房主要需要计量配料煤、重油或天然气等燃料。利用物联网能效传感器和控制器采集工业余热和地热发展集中供热，利用物联网能效传感器和控制器采集核。

2. 城市集中供热管网的物联网与云计算。采用物联网与云计算，根据所输送供热介质的不同，分别管控热水热网和蒸汽热网。采用物联网与云计算，按照线路上平行敷设管子数的不同，分别管控单管、双管和多管系统。采用物联网与云计算，按照热水热网的是否直接耗用其中水量，分别管控开式和闭式系统。

（1）开式和闭式系统的物联网与云计算。采用物联网与云计算根据开式热水单管系统只有一条供水管，热水送到用户采暖通风系统，通过传感器计算表面换热，管控放出其中部分热量，从而管控用户的生活热水使用，尽量挖掘不再返回的热源能效。应用于生活热水负荷足够大的地区其效果相当明显。

采用物联网与云计算根据闭式系统中，热水由热源沿着供水管输送到用户的采暖通风及其他用热系统，通过计算表面换热降低温度，从而管控沿着回水管返回热源。尽量挖掘热水双管系统（通常由一条供水管和一条回水管组成）的系统能效，由此形成城市供热设施中应用较普遍的能效系统。

采用物联网与云计算根据热水多管系统比较复杂，在用户有两种或两种以上不同温度要求时，通过物联网能效传感器和控制器管控不同调节特性。

（2）热水热网和蒸汽热网的物联网与云计算。采用物联网与云计算根据蒸汽热网分为有凝结水管和无凝结水管两种系统，通过物联网能效传感器和控制器管控一般常用的凝结水管系统，从而实现管控蒸汽由热源经供汽管输送到用户，在用热装置中放热并形成凝结水后，沿着凝结水管返回的过程，通过这一系列过程实现热源能效。

采用物联网与云计算根据无凝结水管系统只有一条供汽管，它只适用于直接消耗蒸汽或经过用热设备后凝结水被污染而无回收价值的场合，对城市供热管网采用地下敷设管控方式，从而不影响交通和市容的前提下实现工业区或城郊等较大地方的节能增效。

采用物联网与云计算根据逐级合理利用热能改进供热管网的结构形式，降低热网造价，延长管子使用寿命，实现热网运行调度自动化。

尤其是有些地区还发展区域供热和供冷的联合系统，更需要利用分布式的物联网能效传感器和控制器计算机系统对热网工况进行最优化控制。

（二）供热热源的物联网与云计算

根据城市集中供热热源的以下几种形式，也可以采用物联网与云计算实现其节能增效。

1. 热电厂供热和区域锅炉房供热。热电厂供热和区域锅炉房供热都属于将煤、重油、天然气等矿物燃料的化学能转换为热能的热源形式，是世界各国城市供热的两大主要热源形式。

采用物联网与云计算根据热电厂供热和区域锅炉房供热，通过物联网能效传感器和控制器管控高参数、大容量供热机组，以此改造城市低效凝汽式发电厂为热电厂，作为城市集中供热热源，从而用区域锅炉房逐步替代分散的小锅炉房，合理确定热电厂和区域锅炉房的布局和联合供热方案。

因此，采用物联网与云计算是发展城市集中供热的重要技术措施。

2. 工业余热供热。工业余热指各种生产工艺过程的热损失。采用物联网与云计算根据工业余热是与生产工艺密切相关并且数量和参数波动很大的特点，通过物联网能效传感器和控制器管控各种工业炉或其他工艺设备排出的高温烟气、冷却水、蒸汽、乏汽或熔渣物理热等，从而实现工业余热通过热能转换或直接利用，回收部分热能作为集中供热的热源。

采用物联网与云计算根据有些高温余热还可用来发电的特点，首先要通过云计算的技术经济模型分析、确定余热利用方案，从而在以工业余热作为城市集中供热热源时，通过物联网能效传感器和控制器管控该热源与其他热源联合运行，以提高供热可靠性和调节性能。

3. 地热水供热。采用物联网与云计算根据蕴藏于地层下的热水具有储藏量、成分和参数因地而异、水温常年比较固定、水质常带有腐蚀性等特点，通过物联网能效传感器和控制器分析相关勘探的水质，由此实现管控地热水这一不污染大气、有前途的城市集中供热热源形式。

4. 核能供热。采用物联网与云计算根据计算分析核裂变的能量，能高效可靠管控该发电和供热。20 世纪 80 年代世界上已有 10 余座核热电站实行抽气供热。核能供热具有节约大量矿物燃料、减轻城市运输压力等优点。根据物联网与云计算高效可靠管控该发电和供热的特点分析，只有建设这种类型的大型核反应堆，才可以经济合理地满足使用要求。

第二节　物联网与云计算的城市集中供热管理系统

尽管我国的城市集中供热产业与发达国家相比，底层设备的局部技术已经与国际同步，但整个城市供热系统的热能利用效率、供热成本控制、运行管理水平还存在明显的差距，尤其是对全区域热能数据的采集、分析、调度、监控以及管理等方面严重滞后。

因此，只有物联网与云计算的城市供热管理管控平台才能够为政府主管部门提供有力的监管手段，确保为居民供热的服务质量，以此指导企业节能减排，提高社会经济效益。

一、系统特点

基于物联网与云计算的城市供热管控系统是一套运用现代测量技术、网络通信技术、数据处理技术、应用软件技术所组成的面向整个城市的供热控制与管理系统。

该系统涉及政府主管部门、供热公司、供热管网、热能消费者等多种机构和个人，能连续、实时、在线、动态地管控目标供热区域的供热参数及其变化状况，系统特点如下：

1. 系统可采用的云计算技术包括 SOA、XML、Web Services、中间件等技术，从而使系统具有充分的扩展性和兼容性，形成高集成度、实时性能优越的跨平台应用系统。

2.系统与供热设备的物联网控制系统能够实现高效的集成，支持数据采集点与管控中心采取 Internet、GSM、3G 等多种网络通信方式。

3.系统安全可靠，具有超强的容错机制和系统管理 / 自恢复功能，软件模块采用松耦合方式开发，支持各子系统在运行过程中的智能通信、自我管理，以及安全运行。

4.系统具有强大的统计分析和决策支持功能，对出现的异常情况（如压力及温度偏差，供热管漏等），系统通过自动报警及信息提示及时发现并做出相应的处理。

5.系部署性能优越，既可以面向城市供热主管部门，也可以满足拥有多家供热站和各类供热设施的供热公司的信息化需求。

二、系统结构

基于物联网与云计算的城市供热管控系统采用 SaaS 的设计思想，采用分布式架构，建立起了覆盖整个市区的供热监管平台。

基于物联网与云计算的城市供热管控系统通过物联网与云计算可以实时监控一个城市的供热公司 / 供热站、管网、用热机构 / 居民的热能供需全过程，能够清晰地反映各换热站实时运行情况，可集中显示温度、压力、流量、热量等关键运行参数，并通过对实时数据的分析处理形成各类直观的监测和统计报表，极大地提高整个城市的供热监控水平。

三、系统功能 OPC（TCPAP）

TCPAP 基于物联网与云计算的城市供热管控系统由换热站现场的数据采集子系统、供热管理机构的管控中心子系统、管网 / 企业 / 市民的热能数据采样子系统 3 部分组成，主要功能如下：

1.物联网数据自动采集：监控换热站的主要热能参数信息，实现物联网客户端数据采集存储，对历史数据进行分析与比对，并与管控中心实现数据的双向通信。

2.云计算预测与规划：针对气象预报数据，自动通知供热企业调整热源配给计划，对预测数据与实际监控数据进行对比，根据历史监控数据规划未来一段时间的能源需求。

3.物联网与云计算诊断与短信报警：实时监测管网运行状态，自动诊断管网故障并自动向有关负责人及领导发送报警消息；实时检测换热站数据采集设备及前置机运行状况，如遇异常则自动发短信通知相关人员。

4.物联网与云计算数据分析与报表：对热网运行数据进行实时查询，对历史数据分析汇总，提供数据总览及热量、流量、温度、压力等的趋势分析界面及多样式报表。

5.物联网与云计算供热企业远程访问：在授权范围内访问本系统，查询本企业的相关数据，查看与本企业有关的数据采集设备及前置机的工作状态。

6.物联网与云计算市民室温数据采集与分析：采集市民室温数据，利用市民室温数据判断相应区域内的供热状况，当市民室温出现异常时自动报警提示。

四、系统用户

应用城市集中供热的用户包括用户民用采热供暖、城市供热局、供热办等管理机构，以及各供热公司。由此实现城市集中供热中心的功能，发挥其系统热能制备供应的效能。

1.系统应用。城市集中供热应用主要是工业和民用建筑的采暖、通风、空调和热水供应，以及各种生产过程中的加热、烘干、蒸煮、清洗、溶化、制冷、汽锤和汽泵等操作。因为事关千家万户和工农业等重大日常生产和生活过程，所以相关省市都出台该应用的系统重大事故应急预案。

2.系统功效。基于物联网与云计算的城市供热管控系统是能够建立覆盖市区的供热监控管理平台，可以多角度、多方位、多形态、直观地展示城市热网运行情况，并建立全方位的供热监管体系。

通过系统提供的深度分析与决策工具，可以直观、准确地评估城市热网运行状况，从而减少供热投诉，及时解决供热纠纷，保障重点时段的供热质量，并妥善处理供热异常状况和突发事故；打造供热管理部门与供热企业、用热单位、百姓之间有效的沟通平台。

因此，基于物联网与云计算的城市供热管控系统为供热行业监管提供了有利的工具。

第三节　智能电网的物联网与云计算节能增效

有位智能电网专家说，智能电网的特性可以用其定义的关键词概括：清洁、坚强、自愈、优化、交互和经济。我感觉他不像是在定义智能电网，反而像定义一个优秀人才。对此，他似乎并没有否定，但众多专家认为要做到这一点难度非常大。

对此，我问他使用什么方法才能够实现他定义的智能电网。他提出：利用物联网与云计算，利用物联网嵌入式智能电表及其传感器、数字化通信和 IT 技术，将电网信息集成到该数据中心，使电力公司的流程和系统从发电到用电所有环节，从优化电力生产、输送和到用户使用，都实现信息的智能交流和自动化控制，使电网成为智能电网。

一、物联网与云计算的智能电表

物联网与云计算的智能电表是集传感器和控制执行机构于一体的终端用户设备。其中传感器采集用电信息，控制执行机构可以是用户供电开关；智能电网根据采集用电信息分析控制供电开关，当分析表明出现用电异常时（比如超过申请用电量），就可限制供电或控制切断电源。物联网智能电表也可加载其他功能（如家电管理、光伏电能存储、远程医疗等）。

（一）智能电表的来由。

奥巴马当选美国总统之后提出建设国家智能电网，并且提出用英特尔主导的 WiMax 作为智能电表网无线通信技术，从而可在该网上运行通信网、数据网、电视网、家电管理网、智慧电能存储网（即电池充电网等）、远程医疗网、生物传感器网。

（二）智能电表的物联网与云计算。

物联网与云计算的智能电表采用基于 Wi-Fi 嵌入式芯片和云端管控软件，是一款集传感器和控制执行机构于一体的基于无线传感网开放标准的电表。

1.智能电表的云端管控。因为采用基于 Wi-Fi 嵌入式芯片，所以物联网与云计算的智能电表可以通过路由器接入互联网，从而可以通过互联网接入该云计算数据中心，由此与管理平台进行云端互动运算，以此实现智能电表管控用电设备、计算电网功率因数、维护电网完好状态。

2.无线传感网用电设备状态信息采集。因为物联网与云计算的智能电表具有无线传感网，所以该终端可以采集用电设备各种状态信息，包括用电设备物理完好状态、使用状态等，如果用电设备各种状态信息并非处于最佳，则需要采取措施保护电网。

二、基于绿能发电的物联网与云计算

基于绿能发电的物联网与云计算，有网友称，他之所以看好物联网与云计算的智能电表项目，是因为该智能电表发展前景大。该网友说在绿色能源发电实施战略中，该智能电表是一个关键。

（一）绿能发电的物联网与云计算

一方面，家庭和企业的太阳能、风能发电需要通过该智能电表才能接入电力公网。包括并网前电功率因数的修复和调整，使之符合电力公网标准。

另一方面，电力运营商的云计算数据中心需要通过该智能电表计量太阳能、风能发电的并网接入数量和质量，才能实现相关绿能发电交易。

（二）绿能发电的买卖各方

无论家庭还是企业用户，都可以把屋顶太阳能发电和野外风能发电经智能电表合并网接入电力公网及其交易代理机构，并计量卖给驻留在电能市场的电力运营商。

配电系统运行者则根据各电力运营商手握电能量，分配输电系统运行者，把电力输送给用电单位和家庭用户。此时家庭用户和火电厂、风电厂都是电力提供商。

三、谷歌智能电网方案

有网友带来很多智能电网方案，其中之一是谷歌智能电网方案，该方案以谷歌智能电表为核心。

（一）谷歌智能电表的功能

这是谷歌在线仪表盘，即测试智能电表的虚拟仪表盘。谷歌在线虚拟仪表盘可以读取各自智能电表的电力参数，并控制该智能电表的连接设备做出切换接入电网的动作，这是谷歌信息时代的公用基础设施。在线仪表盘的运行流程如下：

1. 对用户家中的电器和照明设备进行智能分析。

2. 把相应结果返回客户家用电脑当中。

3. 客户可即时查看家里的相应耗电数据，获取电力消费的实时信息。谷歌表示在线虚拟仪表盘将成为一个免费、开源的应用程序。同时表示，客户如果能够及时了解家用电器的耗电数据，可能导致自身电费开支下降 5%~10%。若如此，美国每年可节省电费 500 亿美元以上的开支。这十分有助于用户监督自己省电钱。

（二）争取更多合作伙伴的吸引力

当获得越来越多的数据时，洗衣机、洗碗机、冰箱、微波炉等消耗的电能都整合到谷歌的智能电表里，使用者可非常轻松地监控电器的用电情况。随着数据来源越来越多，争取更多合作伙伴的吸引力也越来越大，谷歌智能电表未来可能成为谷歌另一个重点项目。

从 2009 年 2 月 10 日开始，谷歌公司内部就已开始测试名为谷歌电表的用电监测软件。或许受《IT 不再重要》一书内容的影响，这竟然成为谷歌云计算的主要内容之一。由此不免使人作这样的联想，历史似乎成为一个圆圈，只不过否定之否定的内容是用电和用信息。

四、物联网与云计算智能电网主要特征

智能电网建设的关键是让电网有"大脑"，同时具备强大的神经中枢，其中，信息交互能力最为关键。但这需要构建协调一致的电子传输协议和标准特征框架。智能电网特征包括 8 个方面，这些特征从功能上描述了电网的特性，从而形成了物联网智能电网完整的景象。

（一）智能电网是自愈电网

"自愈"指的是把电网中有问题的元件从系统中隔离出来，并且在很少或不用人为干预的情况下，可以使系统迅速恢复到正常运行状态，从而几乎不中断对用户提供供电服务。从本质上讲，自愈就是智能电网的免疫系统。这是智能电网最重要的特征。

自愈电网进行连续不断的在线自我评估以预测电网可能出现的问题，发现已经存在的或正在发展的问题，并立即采取措施加以控制或纠正。

自愈电网确保了电网的可靠性、安全性、电能质量和效率。自愈电网将尽量减少供电服务中断，充分应用数据获取技术，执行决策支持算法，避免或限制电力供应的中断，迅速恢复供电服务。

基于实时测量的概率风险评估将确定最有可能失败的设备、发电厂和线路；实时应急分析将确定电网整体的健康水平，触发可能导致电网故障发展的早期预警，确定是否需要立即进行检查或采取相应的措施；和本地和远程设备的通信将帮助分析故障、电压降低、电能质量差、过载和其他不希望的系统状态，基于这些分析，采取适当的控制行动。

自愈电网经常应用连接多个电源的网络设计方式。当出现故障或发生其他问题时，在电网设备中先进的传感器确定故障并和附近的设备进行通信，以便切除故障元件或将用户迅速地切换到另外的可靠的电源上，同时，传感器还有检测故障前兆的能力，在故障实际发生前，将设备状况告知系统，系统就会及时地提出预警信息。

（二）智能电网激励和包容用户

在智能电网中，用户将是电力系统不可分割的一部分。鼓励和促进用户参与电力系统的运行和管理是智能电网的另一重要特征。

从智能电网的角度来看，用户的需求完全是另一种可管理的资源，它将有助于平衡供求关系，确保系统的可靠性；从用户的角度来看，电力消费是一种经济的选择，通过参与电网的运行和管理，修正其使用和购买电力的方式，从而获得实实在在的好处。

在智能电网中，用户将根据其电力需求和系统满足其需求的能力，来调整平衡其消费。

同时需求响应计划将满足用户在能源购买中有更多选择的基本需求，减少或转移高峰电力需求的能力使电力公司尽量减少资本开支和营运开支，通过降低线损和减少效率低下的调峰电厂的运营，同时也产生了大量的环境效益。

在智能电网中，和用户建立双向实时的通信系统，是实现鼓励和促进用户积极参与电力系统运行和管理的基础。实时通知用户其电力消费的成本、实时电价、电网目前的状况、计划停电信息，同时用户也可以根据这些信息制订自己的电力使用方案。

（三）智能电网具有抵御攻击的能力

电网的安全性要求快速从供电中断中恢复的全系统解决方案，并且该方案可以降低电网物理攻击和网络攻击的脆弱性。智能电网将展示被攻击后快速恢复的能力，甚至是对那些决心坚定和装备精良的攻击者发起反击。

使智能电网的设计和运行具有阻止攻击的能力，最大限度地降低损失和快速恢复供电服务。智能电网也能同时承受对电力系统几个部分的攻击和在一段时间内多重协调的攻击。

智能电网的安全策略包含威慑、预防、检测、反应，尽量减少和减轻对电网的影响。面对重大威胁信息，不管是物理攻击还是网络攻击，智能电网通过加强电力企业与政府之间的密切沟通，在电网规划中强调安全风险，加强网络安全，提高智能电网抵御风险的能力。

（四）智能电网提供满足 21 世纪用户需求的电能质量

电能质量指标包括电压偏移、频率偏移、三相不平衡、谐波、闪变、电压骤然降升等。用电设备的数字化，对电能质量越来越敏感，电能质量问题可以导致生产线的停产，给社会经济发展造成重大的损失；能满足 21 世纪用户需求的电能质量是智能电网的重要特征。

但是电能质量问题又不是电力公司一家的问题，因此需要制定新的电能质量标准，对电能质量进行分级，因为并非所有的商业企业用户和居民用户都需要相同的电能质量。

电能质量的分级可以从标准到优质，取决于消费者的需求，它将在一个合理的价格水平上平衡负载的敏感度与供电的电能质量。智能电网将以不同的价格水平提供不同等级的电能质量，以满足用户对不同电能质量水平的需求，同时要将优质优价写入电力服务的合同中。

智能电网将减轻来自输电和配电系统中的电能质量事件。通过先进的监控电网基本元件，快速诊断并准确地提出解决任何电能质量事件的方案。

此外，智能电网的设计还要考虑减少由于闪电、开关涌流、线路故障和谐波源引起的电能质量的扰动，同时应用超导、材料、储能以及改善电能质量的电力电子技术的最新研究成果，以此来解决电能质量的问题。

另外，智能电网将采取技术和管理手段，使电网免受由于用户的电子负载所造成的电能质量的影响，将通过监测和执行相关的标准，限制用户负荷产生的谐波电流注入电网。除此之外，智能电网将采用适当的滤波器，以防止谐波污染送入电网，恶化电网的电能质量。

（五）智能电网容许各种不同类型发电和储能系统接入

智能电网将安全、无缝地容许各种不同类型的发电和储能系统接入系统，简化联网的过程，类似于"即插即用"，这一特征对电网提出了严峻的挑战。

改进的互联标准将使各种各样的发电和储能系统容易接入。

从小到大，各种不同容量的发电和储能在所有的电压等级上都可以互联，包括分布式电源如光伏发电、风电、先进的电池系统、即插式混合动力汽车和燃料电池。

商业用户可以更加方便地安装自己的发电设备（包括高效热电联产装置）和电力储能设施，并且更加有利可图。在智能电网中，大型集中式发电厂包括环境友好型电源，如风电和大型太阳能电厂和先进的核电厂将继续发挥重要的作用。

加强输电系统的建设使这些大型电厂仍然能够远距离输送电力。同时各种各样的分布式电源的接入一方面减少对外来能源的依赖，另一方面提高供电可靠性和电能质量，特别是对应对战争和恐怖袭击具有重要的意义。

（六）智能电网促使电力市场蓬勃发展

在智能电网中，先进的设备和广泛的通信系统在每个时间段内支持市场的运作，并为市场参与者提供了充分的数据，因此电力市场的基础设施及其技术支持系统是电力市场蓬勃发展的关键因素。

智能电网通过市场上供给和需求的互动，可以最有效地管理如能源、容量、容量变化率、潮流阻塞等参量，降低潮流阻塞，扩大市场，汇集更多的买家和卖家。

用户通过实时报价来感受价格的增长从而降低电力需求，推动成本更低的解决方案，并促进新技术的开发，新型洁净的能源产品也将给市场提供更多选择的机会。

（七）智能电网使运行更加高效

智能电网优化调整其电网资产的管理和运行以实现用最低的成本提供所期望的功能。这并不意味着资产将被连续不断地用到其极限，而是有效地管理需要什么资产以及何时需要，每个资产将和所有其他资产进行很好的整合，以最大限度地发挥其功能，同时降低成本。

智能电网将应用最新技术以优化其资产的应用。例如，通过动态评估技术以使资产发挥其最佳的能力，通过连续不断地监测和评价其能力使资产能够在更大的负荷下使用。

（八）智能电网通过高速通信在线监测

智能电网通过高速通信网络实现对运行设备的在线状态监测，以获取设备的运行状态，在最恰当的时间给出需要维修设备的信号，实现设备的状态检修，同时使设备运行在最佳状态。系统的控制装置可以调整到降低损耗和消除阻塞的状态。

通过对系统控制装置的这些调整，选择最小成本的能源输送系统，提高运行的效率。最佳的容量、最佳的状态和最佳的运行将大大降低电网运行的费用。

此外，先进的信息技术将提供大量的数据和资料，并将之集成到现有的企业范围的系统中，大大加强其能力，以优化运行和维修过程。这些信息将为设计人员提供更好的工具以创造出最佳的设计，同时为规划人员提供所需的数据，从而提高其电网规划的能力和水平。

这样，运行和维护费用以及电网建设投资将得到更为有效的管理。

五、进行智能电网建设的目的和过程

（一）为什么要建设智能电网

目前电网存在着一些突出的问题：不能满足快速调节电源不足，不能满足大规模接入电网要求；线路巡视检测、评估诊断与辅助决策的技术手段和模型不够完善；网架结构相对薄弱；配、用电网缺乏可靠、经济、实用化的通信方式，对公众用户支持能力不足。据美国能源部的研究结果，由于电网效率低下而造成的电能损失高达总电能的 67%。

要解决这些问题，需要依靠智能电网的建设。它们将在智能设备和优选的运算法则的帮助下实现电力系统的功能。简而言之，就是要将"信息流"和"电力流"有效结合并平行发展。先进的通信和网络技术将成为电力系统的重要组成部分，同时，依靠柔性交流输电技术，进一步提高电网的安全运行水平；可以通过优化需求管理，有效提升能源使用效率。

比如，电网管理者可以通过使用传感器、计量表、数字控件和分析工具，自动监控电网、优化电网性能、防止断电、更快地恢复供电，消费者对电力使用的管理也可细化到每个联网的装置，从而提高电网的综合效率。

比如，与传统电网相比，智能电网能更迅速地对人为或自然发生的扰动做出辨识和反应，以便在自然灾害、外力破坏和计算机攻击等不同情况下保证人身、设备和电网的安全。

另外，智能电网能优化资源配置，提高设备传输容量和利用率，同时借助先进的传感和自控技术能在不同区域间及时进行调度，以平衡电力供应。

此外，智能电网能够在电网安全稳定运行的前提下，使更多的新能源上网；

智能电网具有强大的兼容性，支持可再生能源的接入和大规模应用。

（二）智能电网建设过程

建设智能电网必须要做充分的准备工作。

1.准备好相关通信技术、IT，以及测量、传感技术，这是智能电网的前提和基础。

2.与智能电网相关的通信、IT技术主要包括支持智能电网的软件开发、智能电网信息采集系统、智能应用集成系统以及综合展现系统等。

3.准备好控制设备和控制软件的使用。智能电力物联网的建设过程包括建设传感器系统、泛在网络、云计算系统、控制执行机构。其中传感器和控制执行机构集成于终端设备，从而构成称为物联网的智能电力电网。

六、建设智能电网的效果

智能电网的建设效果包括通过泛在网络集成传感器和执行机构，物联网与云计算的智能电表能够具有智慧，同时可以撬动如下两个产业：

一是智能电表产业。美国目前拥有电表1.5亿块左右，倘若包括计算机、变压器、传感器和网络系统等的投资，实现智能电网的市场转型，将拉动超过万亿美元以上的投资。

倘若加上超导电网的改造和可再生能源领域的变革，美国的能源变革将衍生成一场跨行业、跨越式的新技术革命，它将引起电力、IT等行业的深度裂变，同时导致建筑业、汽车业、新材料行业、通信行业等多个产业的重大变革，并催生出一系列新兴产业。

整个能源产业革命在未来5~8年内可能会形成20万亿~30万亿美元的产业规模，这对美国的信息产业来谈是一个巨大的机会。

为了推行中国互动电网的战略改造，初步估算中国需要更新百万个以上变电站，将3000万~5000万块电表更改为智能电表，推动世界上最大的统一电网体系分期实现互动电网技术的升级，由此可以全面开发40万千米输电线路蕴含的有效财富。

二是电力泛在网络和云计算产业。向智能电网转型可帮助能源和电力公司延长设备寿命，优化资产替换，并预防网络失灵。可以建立多通道的系统网络和中央信息管理平台、数字变电站体系和满足不同客户需要的智能终端，有效解决电力数据采集、传输、集成、优化和表达的流程运转。

这个一网传天下的多通道的电网体系可以包括如下运营功能：电力线运营

送电网和可再生能源接入网，光纤线缆运行通信网、数据网、电视网、家电管理网、智慧电能存储网（即电池充电网等）、远程医疗网、生物传感器网；政府网运行公共服务网和灾难、救援、医疗救护等网络，可在灾难发生时通过政府网透过家庭终端实时警报。

为此，美国得克萨斯州、丹麦、澳大利亚和意大利的公共事业公司正在建设新型数字式电网，以便对能源系统进行实时监测。这不仅有助于他们更迅速地修复供电故障，而且有助于他们更"智慧"地获取和分配电力。

消费者也能够加强他们对能源消耗的掌控，每户最多可减少25%的能源花费，而且"智慧电力"管理还能够改善可靠性、服务、效率乃至法令透明度。用电家庭还可用智能电表终端实时接入云计算定制物联网服务，如煤气自动化警报和灾害控制等。政府能够以此进行公共服务和灾难、救援、医疗救护。

第四节　建筑节能的物联网与云计算

智能化建筑首先要达到节能的标准和良好的居住舒适度，其次才是家具的智能化和安全保卫的智能化。实际上，智能化建筑不一定就是豪华的，但它必须是低能耗的。

建筑节能的物联网与云计算常常需要因地制宜。面对企业厂房和大型建筑物，常需要物联网与云计算的私有数据中心；面对居民住宅和小型建筑物，则常需要物联网与云计算的微型数据中心就能敷用。家庭的物联网与云计算微型数据中心，只需采用多核PC就足以构建该物联网系统。

采用物联网与云计算根据建筑节能包含的两部分内容，通过物联网能效传感器和控制器，一部分计算分析并管控加强围护结构的保温隔热能力，另一部分计算分析并管控从供暖、供冷的热源、输送渠道及实现方式来节约能源。

一般的房子里，30%的热量从窗户跑掉了。如果选用双层玻璃，中间再充上惰性气体，就可在一定程度上阻断热量散发。35%的热量从墙体散发，如采用隔热材料，增加保温层，节能效果就很明显。因此需要对窗户泄漏和墙体隔热进行计算分析并加强管控。

同时要强调的是新能源建筑节能，因为这是物联网与云计算经该能效传感器和控制器进行相关能效管控的适合途径。

一、物联网新能源建筑节能介绍

物联网新能源的利用是节约建筑使用能耗非常有效的办法，新能源通常指非常规、可再生能源，包括太阳能、地热能、风能等。物联网新能源技术用于建筑节能通常有以下几个方面：

（一）物联网太阳能制冷

利用太阳能制冷空调有两种方法，一种是先实现光/电转换，再以电力推动常规的压缩式制冷机制冷；另一种是进行光/热转换，以热能制冷。前者系统比较简单，但其造价为后者的 3~4 倍，因此国内外的太阳能空调系统至今以第二种为主。

太阳能制冷的方法有多种，如压缩式制冷、蒸汽喷射式制冷、吸收式制冷等。压缩式制冷要求集热温度高，除采用真空管集热器或聚焦型集热器外，一般太阳能集热方式不易实现，所以造价较高；蒸汽喷射式制冷不仅要求集热温度高，一般说其制冷效率也很低，为 0.2W~0.3W 的热利用效率；吸收式制冷系统所需集热温度较低，70℃~90℃即可，使用平板式集热器也可满足其要求，而且热利用较好，制作容易，制冷效率可达 0.6W~0.7W，所以一般采用也多，但设备庞大，影响推广。

（二）物联网太阳能热水器

人们最常见的一种太阳能热水器是架在屋顶的平板热水器，常常是供洗澡用的。物联网太阳能热水器是采用手机等通信技术遥控太阳能热利用中具有代表性的一种装置。以此，在阴雨没有阳光时，采用手机电控补充加热，或预告热水器水温，以便用时适用。

其实，在工业生产中以及采暖、干燥、养殖、游泳等许多方面也需要热水，都可利用太阳能。太阳能热水器按结构分类有闷晒式、管板式、聚光式、真空管式、热管式等几种。

（三）物联网太阳房

太阳房是利用太阳能采暖和降温的房子。玻璃花房也是一种太阳房。人们的生活能耗中，用于采暖和降温的能源占有相当大的比重。特别对于气候寒冷或炎热的地区，采暖和降温的能耗就更大。太阳房既可采暖，也能降温，最简便的一种太阳房叫被动式太阳房，建造容易，不需要安装特殊的动力设备。

物联网太阳房比较复杂一点，是使用方便舒适的另一种主动式太阳房。例如，更为讲究高级的一种物联网太阳房是具有空调制冷的物联网太阳房。

（四）物联网太阳能热发电

物联网太阳能热发电是太阳能利用中的重要项目。由于该太阳热发电是利用集热器把太阳辐射能转变成热能，然后通过汽轮机、发电机来发电，因此需要物联网自动化系统进行管控。根据集热的温度不同，太阳热发电可分为高温热发电和低温热发电两大类。按太阳能采集方式划分，太阳能热发电站主要有塔式、槽式和盘式三类。

（五）物联网地热发电

地热发电是地热利用的最重要方式。高温地热流体应首先应用于发电。物联网地热发电和火力发电的原理是一样的，都是利用蒸汽的热能在汽轮机中转变为机械能，然后带动发电机发电，因此必然需要物联网自动化系统。所不同的是，地热发电不像火力发电那样要备有庞大的锅炉，也不需要消耗燃料，它所用的能源就是地热能。

地热发电过程就是把地下热能首先转变为机械能，然后再把机械能转变为电能的过程。

要利用地下热能，首先需要有"载热体"把地下的热能带到地面上来。目前能够被地热电站利用的载热体，主要是地下的天然蒸汽和热水。按照载热体类型、温度、压力和其他特性的不同，可把地热发电的方式划分为蒸汽型地热发电和热水型地热发电两大类。

（六）物联网地热供暖

物联网地热供暖的重点是温度的自动化管控。它将地热能直接用于采暖、供热和供热水，是仅次于地热发电的地热利用方式。

因为这种利用方式简单、经济性好，备受各国重视，特别是位于高寒地区的西方国家，其中冰岛开发利用得最好。该国早在1928年就在首都雷克雅未克建成了世界上第一个地热供热系统，现今这一供热系统已发展得非常完善，可从地下抽取热水，供全市居民使用。

由于没有高耸的烟囱，冰岛首都已被誉为"世界上最清洁无烟的城市"。此外利用地热给工厂供热，如用作干燥谷物和食品的热源，用作硅藻土生产、木材、造纸、制革、纺织、酿酒、制糖等生产过程的热源也是大有前途的。

目前世界上最大两家地热应用工厂就是冰岛的硅藻土厂和新西兰的纸浆加工厂。我国利用地热供暖和供热水发展也非常迅速，在京津地区已成为地热利用中最普遍的方式。

（七）物联网风力制热

物联网风力制热的重点是将风能转换成自动化温度管控的热能。目前有三种转换方法。

一是用风力机发电，再将电能通过电阻丝发热变成热能。虽然电能转换成热能的效率是100%，但风能转换成电能的效率却很低，因此从能量利用的角度看，这种方法是不可取的。

二是由风力机将风能转换成空气压缩能，再转换成热能，即由风力机带动一个离心压缩机，对空气进行绝热压缩而放出热能。

三是将风力机直接转换成热能。显然这方法制热效率最高。风力机直接转换热能也有多种方法。最简单的是搅拌液体制热，即风力机带动搅拌器转动，从而使液体（水或油）变热。

"液体挤压致热"是用风力机带动液压泵，使液体加压后再从狭小的阻尼小孔中高速喷出而使工作液体加热。此外还有固体摩擦制热和涡电流制热等方法。

二、国内建筑节能现状

节能是我国的国策，建筑节能是节能中的重中之重，应该列为我国建设工作中的重要位置。建筑能耗在我国整个能耗中的地位也越来越重要。

（一）政策

2014年11月25日，经国务院同意，国家发展和改革委员会发布了我国第一个《节能中长期专项规划》。规定中指出，"十二五"期间，中国新建建筑要严格实施节能50%的设计标准。其中，北京、天津等少数大城市率先实施节能65%的标准。截止2016年底，该目标已基本实现。

发改委环境和资源综合利用司的领导说，我国将全面展开供热体制改革，在各大中城市普遍推行居住及公共建筑集中采暖按热表计量收费。在小城市试点，鼓励采用蓄冷、蓄热空调、节能门窗，加快太阳能、地热等可再生能源在建筑物的利用。

虽然我国已经陆续颁布了全国各气候区建筑节能50%的设计标准，但全国城市每年新增建筑中达到节能建筑设计标准的不到5%。

我国目前单位建筑面积采暖能耗相当于气候条件相近的发达国家的 2~3 倍。由于集中供热比分散小锅炉供热效率提高 50%，因此争取城市集中供暖普及率提高是倒可能的。

（二）发展状态

2006 年中国建筑年消耗 3.3 亿吨标准煤，占能源消耗总量的 24%，到 2016 年已达到 3.76 亿吨，占总量消耗的 27.6%，年增长比例 5‰；随着建筑业的高速发展和人民生活质量的改善，建筑能耗占全社会总能耗的比例还会继续增长。

据有关数据显示，我国当前的房屋建设规模堪称世界第一。但是我国建筑能耗高于发达国家，主要表现在建筑物保温与供热系统状况差，如我国供热系统的综合效率仅为 35%~55%，远低于先进国家 80% 左右。

建筑节能直接关系到国家资源战略和可持续发展战略的实施。随着我国城市化进程不断推进，城镇建设将保持高速发展，人民生活水平不断提高，根据发达国家经验，建筑能耗在未来商品总能耗中所占比例将上升到 35% 左右，也就是说，建筑消耗了三分之一多的能源，对我们国家来说，这个比例恐怕还要高。

江苏省徐州煤矿每年产煤量在 1300 万 ~1500 万吨，折成标煤 1000 多万吨，单从 2002 年全省城镇新建住宅 2500 万平方米来测算，如果全部执行节能设计标准，每年可以节能 6.6 亿千瓦时，相当于节约近 27 万吨标煤。

至 2020 年，仅住宅建筑节能所节约的能耗就相当于徐州煤矿当年的产煤量，这个数字是相当惊人的，也是鼓舞人心的；同时还可以减少大量的二氧化碳、粉尘等污染排放，其经济效益、环境效益、社会效益都十分显著。由此可见，建筑节能的意义十分重大。

三、国外建筑节能的实施状况

美国有些智能化建筑造价比普通建筑还低 15%，因为它们追求合理的结构，讲究实用功能和外观的简洁，利用了可回收材料，而不追求豪华装饰。

还可以充分利用地热泵技术，如冰岛等国家，建筑房子时先在地上打两个洞，通过电泵将地下水循环起来，为整座房子供热。唯一耗能的就是电泵。

而丹麦等国，由于地处海边，太阳能和风能的利用条件得天独厚，使用热泵技术时结合风能与太阳能带动电泵就可以做到"零能耗"。再举例如下：

（一）英国

英国政府从 1986 年开始制订国家节能计划，将建筑节能由低到高分为 10 个等级。该计划执行的初期遇到的最大障碍是开发商和建造商因节能而增加住宅的造价，从而影响普通购房者，尤其是低收入家庭的购房。但是这部分增加的造价换来的却是长远的经济效益。按新标准设计的节能型建筑比传统建筑在能量消耗上的花销要减少75%。

政府在强制执行节能计划时，一方面考虑不同阶层购房者的心态，另一方面强调就地取材解决节能材料，减少运输费用，尽可能降低建筑成本。因此，英国各地根据国家节能计划因地制宜地制定政策，推动了建筑节能工作的开展。

经过多年努力，目前英国的新建建筑基本上都达到了最高节能等级的要求，并且建筑的内部舒适程度也因节能构造得到了明显的提高。

目前英国建筑的窗子上部、阳台门上部和外墙上都有不太显眼的进风器，这是近二十年来在发达国家推行的建筑新风系统。这种"房屋呼吸"概念通过对通风量的控制，形成室内外正负压差，让新鲜空气先进入主要居室，然后经过卫生间和厨房，将污浊空气排出室外。

（二）瑞典

瑞典一直十分重视建筑配件的标准化问题，1967年就制定了《住宅标准法》，并规定使用按照瑞典国家标准制造的材料配件来建造的住宅项目能获得政府的贷款。

瑞典的工业化标准和"模数协调基本原则"涉及建筑的各部分，如浴室设备、厨房水槽、窗框、窗扇等。瑞典三层固定玻璃窗扇中间带百叶，可在关闭的情况下通风。

（三）美国

美国的建筑与我国的建筑在形式上有很大的差别。美国人口约2.5亿，目前建筑自有率为66%，人均居住面积59平方米，居世界榜首。美国的建筑几乎全部为三层以下。在很多州的法律中有明确规定，若要盖三层以上的建筑，要经过非常繁杂的审批手续。

由于住房是美国家庭的重要组成部分，而且又是采取分户供暖措施，所以房屋本身的节能水平是一个非常重要的指标，建筑节能甚至成为一些家庭购房的首要指标。也就是说，建筑节能是一个非常市场化的指标，虽然这其中政府的标准起了相当大的作用，但这并非绝对的。

第五节 物联网与云计算的煤清洁燃烧技术

有网友是做专营物联网环保技术的，他向笔者推荐基于物联网与云计算的先进环保产业及其制造领域的关键技术——物联网与云计算的煤清洁燃烧技术。网友强调，在这里，核心是煤清洁燃烧技术工艺，物联网与云计算仅是其工艺流程的管控和执行者。

一、物联网与云计算的清洁燃烧技术概述

我国是世界耗煤第一大国，主要用于火力发电燃煤锅炉，由于大部分火电厂未对燃煤排气中的二氧化硫、氮氧化物采取措施脱除，因此造成对环境的污染越来越严重。为此，依靠物联网与云计算以便获取更好的清洁燃烧技术，应该是目前比较科学的方法。

（一）燃煤气体脱硫脱硝方式

目前主要有两类方式对燃煤排放气体中的二氧化硫、氮氧化物进行处理。一类是改进炉内燃烧技术，降低二氧化硫、氮氧化物排放量，这种技术主要应用于常规燃煤发电厂，称之为煤清洁发电技术。目前已有商业应用。煤的清洁发电技术主要有循环流化床燃烧技术、增压流化床燃烧联合循环技术、整体煤气化蒸汽燃气联合循环技术。

另一类是在炉后、尾部烟气中进行脱硫脱硝。采用的主要的技术和方法主要有湿法烟气脱硫技术、旋转喷雾半干烟气脱硫技术、炉内喷钙尾部增湿脱硫技术、电子束照射法、磷铵肥法、活性焦法等，统称为脱硫（脱硝）技术。

（二）脱硫脱硝技术处理过程

无论炉内燃烧脱硫脱硝技术，还是炉后、尾部烟气脱硫脱硝技术，都可以采用抽象的流程图方法，依照其脱硫脱硝技术表示其处理过程。

脱硫脱硝技术处理过程中，虚线把图划分为上下两个部分。上部含硫含硝燃煤气流，经历了脱硫脱硝工艺流程，最后成为脱硫脱硝燃煤气流。

103

下部经气流信息传感采集含硫含硝燃煤气流状态，包括燃煤气流形状、含硫含硝在气流中的发布情况等；按采集的含硫含硝燃煤气流状态分析，启动设定的脱硫脱硝方法步骤进行脱硫脱硝；最后，气流脱硫脱硝分析是必需的，由此可启动调整脱硫脱硝方法。

启动调整脱硫脱硝方法是为了按气流脱硫脱硝，分析改变脱硫脱硝方法步骤，寻求更彻底脱硫脱硝的燃煤气流品质。

通过上述脱硫脱硝技术处理过程分析，可以看出物联网技术在这里发挥了重大作用，这些作用包括信息传感的燃煤气流及其品质分析、控制执行机构进行脱硫脱硝工艺等过程。而脱硫脱硝方法及其算法的云计算也同样不可或缺。

在网络上，相关脱硫脱硝的物理模型、数学建模的学术论文也时有发布。

二、煤清洁发电技术的国内外发展现状及趋势

从今后国外市场来分析，循环流化床、增压流化床燃烧及整体煤气化联合循环发电系统等洁净煤燃烧技术，尤其在亚洲地区是有发展前途的。主要是对这些地区的环境保护有利，对改造老的电厂有利。

（一）国外发展趋势

拥有洁净煤燃烧相关技术的各家公司都面向市场，展开激烈的竞争。这些企业都针对各自的技术特点，开发大型洁净煤发电装置。随着整体煤气化联合循环发电系统的技术发展和成熟，今后的市场需求将会增大。

1. 国外循环流化床锅炉正向大型化方向迅速发展，循环流化床锅炉的炉型较多，各家公司都有自己独特的流派，竞争很激烈。

目前国外已运行的循环流化床锅炉的容量等级已达到100~180MW，且技术上比较成熟并正在设计和研制200~300MW的循环流化床锅炉，1995年由法国Stein公司制造的250MW循环流化床锅炉的投运，其容量上已接近300MW级。

2. 在20世代80年代中期，国外已开始建设增压流化床燃气—蒸汽联合循环发电示范电站。瑞典ABB-Carbon公司在增压流化床燃气—蒸汽联合循环发电的商业化进程中处于领先地位，开发的输入热功率为200MW的P200装置首批五套已先后在瑞典、西班牙、美国和日本的电站投入运行。首台输入功率为800MW的P800装置也正在日本Karita电站建设中。

3. 经过净化处理的合成煤气为燃料的整体煤气化联合循环发电系统是目前最清洁高效的燃煤发电方式。目前国外已建成工业装置5套，正在建设和计划建设的电站超过24座，总容量超过8200MW，首台工业装置是1972年在德国克曼电厂建成的 170MW 机组。

1994 年建成的荷兰 Buggenum 电厂，其净效率达到 43.2%，是目前效率最高的整体煤气化联合循环发电系统装置；1995 年在美国 Wabash 投运的 262MW 机组是目前世界投运最大的整体煤气化联合循环发电系统装置。

（二）国内发展趋势

我国已在循环流化床技术研究方面做了不少工作，取得了可喜的成果；并在此基础上积极采用引进技术或技贸结合等多种方式，以此来加大开发研制的力度，使大型化 100MW 级以上的产品趋于成熟。我们要发挥我国的地理、价格等优势，在亚洲地区可占有较大份额。

1. 循环流化床燃烧技术（循环流化床）。我国目前循环流化床锅炉容量相对较小，已有数十台几种不同流派的 75t/h 循环流化床锅炉（12MW）投入运行。130t/h（25MW）、220t/h（50MW）循环流化床锅炉正处于设计安装阶段。国内虽已有循环流化床锅炉开发和相关研究，但大型化进程仍较为缓慢，远不能满足我国电力工业发展的需要。

近年来国内各锅炉制造厂以各种方式与国外厂家合作，加快大型循环流化床锅炉的开发和研制，东方锅炉厂为进口的 410t/h 循环流化床锅炉承担部分分包任务，后又引进美国 FW 公司大型循环流化床锅炉设计制造技术，哈尔滨锅炉厂采用美国 Pyropower 技术合作生产 50MW 循环流化床锅炉供大连化工厂、杭州热电厂等用户，上海锅炉厂正与芬兰 Ahlstrom 公司合作生产 50MW 循环流化床锅炉。

国家计委也在"八五"期间组织清华大学、中科院工程热物理研究所等单位研制国产 220t/h 循环流化床锅炉，为发展我国大型循环流化床锅炉技术奠定了良好的基础。

四川内江电厂从芬兰 Ahlstrom 公司引进 410t/h 循环流化床锅炉（100MW）作为国内电站循环流化床锅炉示范机组已于 1996 年 4 月投入运行。初步运行表明该锅炉性能良好，该示范工程为电力行业培养出大型循环流化床锅炉的安装、启动调试和运行管理方面的技术力量，将为我国大型循环流化床锅炉的消化吸收、开发研制创造有利条件。

同时，国家计委已批准西安热工研究院建立煤清洁燃烧技术研究中心，循环流化床是该中心主要研究开发内容之一，将为我国重点发展大型循环流化床锅炉的组织和协调提供良好条件。

结合示范工程如四川白马电厂等建设项目引进国外200~300MW级循环流化床锅炉设备或采用技术合作方法，通过对其关键技术消化吸收及研究开发，关键是掌握其技术能力，形成独立的200~300MW级循环流化床锅炉的设计、制造及调试能力，在"九五"及2000年后，开发出国产200~300MW循环流化床锅炉及辅助系统，并形成生产能力。

2.增压流化床燃烧联合循环（增压流化床燃气—蒸汽联合循环发电）。我国对增压流化床燃气—蒸汽联合循环发电起步较晚，进展缓慢，国内以东南大学为主，从"六五"开始已进行大量实验室研究，全部国内自行设计和制造的15MWe增压流化床燃气—蒸汽联合循环发电中试电站1997年年底在江苏省徐州贾汪电厂建成，并完成整体性能和关键技术研究试验工作。

在此基础上，拟引进的100MW级增压流化床燃气—蒸汽联合循环发电试验电站已完成可行性方案论证，待建立示范电站予以实施，并同时论证和研究开发适合国情的第二代增压流化床燃气—蒸汽联合循环发电。

3.整体煤气化联合循环（整体煤气化联合循环发电系统）。我国对整体煤气化联合循环发电系统的研究始于20世纪80年代初，而后有所放松，至1993年以后国家科委、电力部等又重新组织力量，加大力度开发整体煤气化联合循环发电系统技术，目前已完成整体煤气化联合循环发电系统可行性及示范工程初步研究工作。

4.大型燃气轮机发电机组（GT）。发展整体煤气联合循环（整体煤气化联合循环发电系统）和增压流化床燃烧联合循环（增压流化床燃气—蒸汽联合循环发电）必须要尽快发展燃气轮机发电机组（GT）。

燃气轮机发电机组是联合循环发电技术不可少的重要设备，GT发电机组效率的提高可使组成的联合循环机组的效率更高。

南京汽轮电机厂与美国GE公司合作生产MS600IB型燃气轮机，额定功率37MW，业已生产了5台。当前市场需求已经向大功率高效率联合循环机组转化，燃机单机功率已达200MW以上，联合循环电厂功率达到300~450MW。

因此，近期应稳定MS600IB型燃气轮机生产，并组成联合循环机组成套供应，积极扩大国内外市场的同时，考虑引进或合作生产100MW等级及以上功率更大、效率更高的燃气轮机及其联合循环机组的制造技术。

三、国内外脱硫脱硝技术工艺

工业化国家脱硫脱硝法规均相当严格。因此，大型燃煤装备的脱硫脱硝系统普及率已达 90% 以上。由于技术发展的原因，这些系统一般采用两套装置为湿法工艺外加脱硝技术的湿法系统分别进行，但目前普遍形成后处理障碍。

湿法废弃物石膏的出路问题已经困扰了这些国家的可持续性发展。因此近年来日本、美国、德国都投入相当的力量开发成功了干法脱硫脱硝一体化技术作为下世纪的储备技术。该技术适用于大型燃煤装备的脱硫脱硝工艺。

我国是世界耗煤第一大国，主要用于火力发电燃煤锅炉排硫量相当可观。而且呈逐年上升趋势。脱除 SO_2 的技术在我国尚处起步阶段，与国外差距很大，大型燃煤设备脱硫普及率不足 3%，而脱硝技术目前尚未起步。

目前采用的脱硫（脱硝）技术仍以湿法工艺为主。

1. 湿法烟气脱硫技术，其中以石灰石 / 石灰湿式洗涤法为主要脱硫工艺，这种工艺脱硫效率可达 90% 以上，我国珞璜电厂已引进这种技术和设备。

2. 旋转喷雾半干烟气脱硫技术，其脱硫效率可达 80% 左右，国内在白马电厂进行过半工业性试验，日本在我国黄岛电厂 210MW 机组抽炉烟进行过半工业性试验。

3. 炉内喷钙尾部增湿脱硫技术，脱硫效率达 70%，世界上已有几台机组采用该技术。

4. 电子束照射法，它是一种同时脱硫脱硝的方法，脱硫效率 90%，脱硝效率 80%，日本荏原公司提供技术装备，现正在成都热电厂进行半工业性 试验。

5. 磷铵肥法，脱硫效率 95%，副产品为氮磷复合肥料，我国在四川豆坝电厂进行过半工业性试验，生产出磷铵肥。

6. 活性焦法，活性焦是一种柱状脱硫炭，目前只有德国 BF 公司和日本三井（MMC）生产，但由于活性焦本身价格很高，因此没有推广。

现我国煤炭科学院煤化所正在研试和开发我国的一种廉价天然焦，目前已有了试验性的成果，如工业性试验成功，它将是一种价廉、高效的既能脱硫又除烟尘的好方法。这种工艺简单又高效廉价的脱硫技术及其装置在我国将有广阔的市场。

干法脱硫技术比较适合我国国情。其生成物多为硫酸铵等，可转化为低效化肥。待我国脱硝法规出台后，其生成物硫硝氨高效化肥可直接用作化肥，促进农业生产。因此这一技术具有较好的技术经济效果，加快发展我国的烟气脱硫脱硝技术。

四、今后目标及主要研究内容

我国今后将研究开发适合国情的、瞄准世界先进水平的、新一代增压流化床燃气/蒸汽联合循环发电，并建立示范工程。建设一座200~400MW级的整体煤气化联合循环发电系统示范电站，实现国产化并逐步推广。实现200~300MW级循环流化床锅炉商品化批量生产能力，结合拟引进的100MW级增压流化床燃气—蒸汽联合循环发电试验电站。

实现脱硫率＞98%、脱硝率＞70%、除尘效率＞99%、全干法出渣无二次污染。

干渣全部用作中效氮肥。下面是有关大型干法脱硫脱硝一体化技术的介绍。

（一）主要研究内容

有关煤清洁发电技术的主要研究内容如下：

1. 大型循环流化床锅炉（循环流化床）试验研究，对具有大型化技术特点的炉膛结构、分离器、布风装置、回料控制器结构特性和相关的流动、传热、燃烧进行专题研究。

2.200~300MW循环流化床锅炉国产化技术的研究。

3.200~300MW循环流化床锅炉辅助系统的研制。

4. 增压流化床燃气—蒸汽联合循环发电关键技术的研究。

5. 整体煤气化联合循环发电系统发电系统总体特性及运行控制技术研究。

6. 气化炉工程化关键技术研究与开发。

7. 高温煤气除尘与脱硫技术研究与开发。

8. 燃气轮机开发技术研究。

9. 余热锅炉和蒸汽轮机技术、设计方法研究。

（二）脱硫（脱硝）技术

1. 大型干法脱硫脱硝一体化技术研究。包括反应剂的选择和优化、脱硝反应的激化技术、高性能防腐技术的研究、化学反应和安全管理技术研究。

2. 大型脱硫脱硝装备的产业化研究。包括脱硫脱硝技术装备的优化技术研究；各类脱硫脱硝的装备产业化技术研究；脱硫脱硝装备产业的标准化、系列化、成套化技术研究；脱硫脱硝装备先进管理技术研究。

第六节　物联网与云计算的大气环境监管

一、物联网与云计算的数字环保管控系统

物联网与云计算的数字环保管控系统包括集成环保应用软件与物联网环境监测设备、网络软硬件系统等，由此形成该物联网与云计算的高效管控数字环保系统。

（一）物联网与云计算的数字环保管控系统特点

本系统与环保局管理工作紧密结合，是以国家相关的法律、法令及国家环保行业规定为基础，充分考虑 3S（GIS/GPS/RS）在管理环保空间的信息资源优势，将环境监测和监察、环保 12369、环保调度指挥、排污收费、环境预测及办公自动化系统有机地结合在一起。

本系统提供对环境质量的动态监测、预警，环境状况的查询和统计，以及对环境质量模拟分析和环境变化趋势分析的综合管理、污染控制和环境决策指挥。

1. 开放性。由于 Web GIS 本身是一个开放的地理信息系统，本解决方案具有良好的延伸性、可扩展性和移植性。

2. 分布性。Internet 的一个特点就是它可以访问分布式数据库和执行分布式处理，本方案设计正是应用行业分布性数据、Web GIS 开发性特征、Internet 分布式处理技术，把环保行业的数据根据不同需求分别部署在不同的网络计算机上，从而实现用户的本地操作，远程控制。

3. 动态性。借助于网络实时性、同步性的特征，本方案设计可以动态地实时更新数据，从而保证数据的现势性和实时性，使得各级部门无论在何时、何地都能够了解到最新的数据。

本系统适应不同用户需求，对于不同用户或不同业务需求系统采用 B/S 或 C/S 提供用户访问。

（二）物联网与云计算环保管控数据中心结构

物联网与云计算环保管控数据中心包括管控平台和数据库。其中管控平台又包括环境数据监测采集子系统、环境治理督查子系统、污染应急指挥子系统、信息发布子系统以及其他子系统。

以下讲解物联网与云计算的数字环保管控系统结构子系统的功能。

1. 环境数据监测采集子系统。环境数据监测采集子系统包括在线监测模块、现场采集获取模块、批量直接导入模块、人工编辑模块、数据共享模块、遥感影像模块。

（1）在线监测模块功能。在线监测模块的功能包括定点在线监测功能、移动在线监测功能。定点在线监测功能的实现包括定点传感器通过物联网传感信息终端，把采集的传感信息进行数字化计算，进而进行信息特征智能识别计算，或径自把该信息交给云计算数据中心进行信息特征智能识别计算，由此实现定点在线监测功能。

（2）移动在线监测功能。移动在线监测功能的实现类似定点在线监测功能的实现。不同之处在于其传感器集成在移动终端上。该移动终端可以是手机，也可以是其他移动嵌入式系统。

（3）遥感影像模块。遥感影像模块包括监控探头，它也集成在终端上，从而实现云端互动运算。

2. 环境治理督查子系统。环境治理督查子系统包括环境信息查询模块、污染预警分析模块、趋势分析模块、污染扩散分析模块、排污收费模块、固体废弃物管理模块。

（1）污染预警分析模块包括物理模型、数学建模、采样计算、特征匹配等过程，当特征匹配超过预定阈值时，即启动报警通知程序，把污染预处理。

（2）环境质量变化趋势分析模块、污染扩散分析模块类似于污染预警分析模块，不同之处在于前者是用于分析环境质量变化趋势和污染扩散程度的。

（3）排污收费模块行使的是执法的功能，目的是根据收费标准计算金额。

3. 污染应急指挥子系统。污染应急指挥子系统包括环保12369热线模块、应急预案模块、路面应急车辆指挥调度模块、现场信号传输模块、指令管理模块，具有呼叫功能。

4. 信息发布子系统。信息发布子系统包括日常污染指数发布模块、污染预警发布模块、环境监理信息发布模块，具有环境新闻、环评信息和环保奖布功能。

5.其他子系统。其他子系统包括建设项目管理子系统、生态监测规划子系统。

（三）物联网与云计算的数字环保管控系统服务功能

按内在逻辑结构系统服务分为多层结构，包括数据层、服务层、包括操作系统在内的软硬件支持。

1.数据层。即提供数据服务层，其中可访问的数据包含空间信息数据，如基础像、地下管线、排污控制图等；业务数据，如环境监测设备及车辆数据、污染源数据、土壤环境及生态环境监测数据。

2.服务层。业务层指的是系统提供的后台服务。主要由一些组件来实现，如 G 环保专业组件、一般通用组件等，它是提供功能服务的层。

3.表示层。表示层是与用户交互的界面，负责从用户方接收命令、请求、数据层处理，然后将结果呈现出来，实现从用户到表示层，再从表示层到用户中，物联网与云计算的数字环保管控系统服务功能根据客户端的不同大体将应用程序分为 B/S 浏览器和服务器结构客户端和服务器结构。

二、数字环保技术发展现状

如今，人类渴望了解身边的环境真相，不愿意生活在"环保迷雾"中。随着数字环保技术的全面推进，"数字环保"正把所有的环境事实化为最易传播的内容。

（一）尽快建成"数字环保"体系是政府决策

某大学计算机技术研究所林所长多年来一直致力于数字环保的研究。林所长表示，构建数字环保，不仅要引入卫星遥感、遥测图像等技术，还需要各地的实测数据；单靠政府力量或某大学、科研机构，还远远不足以建立数字环保这样庞大的环境描述决策系统，排污企业、环保公司、IT 企业都应积极参与。

林所长认为，通过数字环保技术，在监测各地的实时环境信息基础上，可以构建一个"万维拟境中心"。在这样的中心里，环境监控和管理决策人员不再限于传统方式那样审查报告图集和听取多媒体介绍来综合决策，他们可通过声控或其他交互。

经过调看不同思路的建模和模拟结果，也可以侵入到被监控区域，沿着环境污染或破坏的踪迹，亲临其境地监控环境的变化，配置环境治理工程，检查环境治理成果，从而达到降低环境监测成本、优化环境治理决策的目的。

（二）公众随时从自动监测网获取信息

2010 年 1 月中旬的一天，站在某省环境自动监控中心的大屏幕前，环境保护部领导要求该省保证 2010 年 6 月底和国家系统联网,以便更多的公众能够快速获取环境真相。该领导认为,这样的结果是,环保监督成本大大下降,环保信息的准确性、公众性和实时性大大提高。

到时候,大地上有无数的眼睛盯着,生态出现任何微小的变化都会被实时掌握。想象一下,这对公众参与环境保护,对政府部门掌握环境真实数据,将起到多么好的作用。

让人惊喜的是,这个即将与全国联网的系统,不仅是把实时信息封闭在环保部之内,而是对公众提供了开放的接口,任何人都可以通过网络的界面获得自己想要的环境数据。

基于"公众数据服务"的角度,环保部开始精心地准备环境信息,届时公众最想了解的"水环境真相""空气环境真相"等数据都可在环保部的相关监测网站上随时获得。

环境保护部技术负责人认为,环境保护很重要的一个任务就是维护公众的环境信心,而公众的环境信心来自于对真相的确切了解。

(三)充分应用环境数字

专家认为,掌握环境信息是为了让公众充分利用它们。如果环境信息无法被公众使用,那么再好的技术也是没有意义的。一些环保人士对数字环保寄予厚望,他们描绘了未来的一幅情景:如果一个人对自己所住环境的空气质量不满意,利用数字环保具备的双向互动平台,他获得了所住区域应该具备的大气环保标准数据,同时委托相关机构对周围空气进行检测。和标准相比发现不合格后,他将相关数据都输入数字环保平台,利用平台开始实施在线投诉。如今,一些民间环保组织已经迈出了第一步。2009 年,某基于"环保科普组织"的环境研究所正式注册,该所每天所做的事就是带着仪器到社区检测,以激发公众主动掌握身边环境真相的能力。这些仪器包括电磁环境检测仪、甲醛检测仪、空气颗粒检测仪、噪音检测仪、水质检测仪、铅含量检测仪等。仪器都比较简易便捷,现场就能出结果。其中的两种电磁辐射检测仪一种用来检测高频电场,一种用来检测低频电场;空气颗粒检测仪能够在一分钟内测出 $1m^3$ 空气中 300nm 以上的颗粒数量;水质检测仪能够迅速地获取水中的氨氮、溶解氧、电导率、pH 值等信息。

中科院心理所某博士后认为,每个公众都有掌握身边"环境数字"的心理。一是自己愿意去了解;二是得有独立的环境咨询中心,只要公众有任何的环境需求，都能够迅速感应和出动，并把"共同检测"的结果数字化后公布到网上，让更多的人掌握和理解。

另外一家"环保科普组织"公众环境研究中心从 2006 年起陆续推出了"中国水污染地图"和"中国空气污染地图"。他们还依据搜集到的污染企业资料，做出了应用性非常强的"绿色供应链查询软件"，使任何人在购买商品前就可知道生产企业有没有超标排污。

（四）低碳经济和低碳生活

所谓低碳中的碳，指的是人类在生产和生活中所产生的二氧化碳的排放量。

1.低碳生活。控制温室气体排放，是中国正式对外宣布的行动目标。一时间，低碳生活成为当下流行语。低碳生活就是提倡借助低能量、低消耗、低开支的生活方式，把生活耗用能量降到最低，从而减少二氧化碳的排放，保护地球环境不再持续变暖。低碳生活就是平时注意省电、省水、垃圾回收以及各种绿色的生活行为。

2.低碳经济。从中国的能源结构来看，低碳意味着节能，低碳经济就是以低能耗、低污染为基础的经济。低碳经济的理想形态是充分发展"阳光经济""风能经济""氢能经济"和"生物质能经济"。一方面通过技术创新、制度创新、产业转型、新能源开发等多种手段，尽可能地减少煤炭、石油等高碳能源消耗，减少温室气体排放；另一方面通过调整经济结构来提高能源利用效益，发展新兴工业和高产值、高附加值、低能耗的产业，建设生态文明，是一种可以导致经济发展与资源环境保护双赢的经济发展模式。

第七节　城市清洁水资源的物联网与云计算

人们常把城市清洁水资源称为城市肺腑，有些城市不惜投入巨资打造人工城区风景湖泊、河流、湿地，由此改善城市生活品质。城市清洁水资源的物联网与云计算提升了城市风景湖泊、河流、湿地的清洁治理能力，使清洁城市的生产生活具有了更亮丽的愿景。

一、物联网与云计算的城区风景水资源清洁治理系统

物联网与云计算的城区风景水资源清洁治理系统中，城区风景水资源包括作为城区风景的湖泊、河流、湿地等水资源。

（一）系统工作原理

目前，城区风景湖泊、河流、湿地的传统水资源品质清洁化治理一般采用基于水资源循环原理的换水更替法，即通过把大江大河的清洁水输送到城区的风景湖泊、河流、湿地中，由此用新鲜的水替换原来的污旧水，从而达到清洁城区风景水资源的目的。

物联网与云计算的城区风景水资源清洁治理系统以上述传统水资源品质清洁化治理方法为原理，采用物联网传感系统和执行机构控制系统，通过物联网与云计算的传感信息分析运算，从而控制执行机构驱动水资源循环利用，达到该水资源清洁治理的目的。

（二）系统工作步骤

一条虚线把物联网与云计算的城区风景水资源清洁治理系统划分为上下两部分，上部是传统水资源品质清洁化治理的过程，下部是物联网与云计算的传感信息分析运算，及其控制执行机构驱动水资源循环利用的过程。

风景水资源的水质监测由物联网传感系统实现。如果物联网与云计算通过该传感信息分析计算发现水质有污染，则一方面通过输送控制服务器，驱动大型水泵输送城市江河，经沟渠输送系统，至风景水资源的湖泊、河流、湿地内。

另一方面，风景水资源的污旧水排入污水资源脱污清洁系统的水池容器内，脱污驱动的执行机构按方法选择服务器选定的脱污方法，使污水资源脱污清洁系统按设定脱污程序进行脱污。所涉脱污原理包括离子交换树脂脱污和压滤机脱污等。

最后，脱污的清洁水通过城市江河的排入口重新排回其中；而回排监测服务器通过该传感器检测回排水质，如果数据中心分析计算该水质没有达标，则会通过方法选择服务器选定新的脱污方法，使污水资源脱污清洁系统按新设定脱污程序进行脱污。

由此，通过上述过程实现水资源循环利用，达到该水资源清洁治理的目的。上述物联网传感系统和执行机构控制系统，本身都是该物联网与云计算的完整系统的独立组成部分。不同的是，物联网传感系统侧重于监测，而执行机构控制系统侧重于机电一体化控制。因为该物联网传感系统是所有传感信息的主要来源，所以下文将着重讲解。

二、物联网水质监测管理系统

物联网传感系统即物联网水质监测管理系统，该系统的功能包括通过物联网传感器检测城区风景湖泊、河流、湿地的水质是否清洁，从而使数据中心决定是否输送城市江河水资源循环利用，以及选定合理的脱污方法进行脱污。

（一）物联网水质监测管理系统结构

物联网水质监测管理系统采用分布式架构，可以实现灵活的应用部署。

该物联网系统采用标准化、网络化的设计思想，设置强大的网络通信功能，能够实现整个水域环境监测数据的统一管理和信息共享，使水质监测系统成为制定水资源保护政策和保护措施的技术依据，以此促进水资源保护在经济可持续发展中发挥重要的作用。

（二）物联网水质监测管理系统特点

物联网水质监测管理系统是一套运用现代测量技术、网络通信技术、数据处理技术、应用软件技术所组成的一个综合性自动监测系统，能连续、实时、在线、动态地监测目标水域的水质及其变化状况。产品的特点如下：

1. 基于3G技术进行数据通信，数据传输效率高，采样间隔时间短，可以处理图像、声音、多媒体等数据。

2. 内置SL187~96、SL219~98等国家水质环境标准模型，可对各种检测参数值进行处理，并实现水质检测参数的用户定义，可以满足用户未来的管理需求。

3.开发专用的数据采集模块，满足不同厂家水质监测仪器数据的采集和处理，用户可以根据现场需要灵活部署仪器设备。

4.基于SOA架构进行上位机软件系统的开发，提高了系统的柔性、扩展性和集成性，实现了水质数据的广泛共享。

（三）物联网水质监测管理系统功能

物联网水质监测管理系统主要包括网络通信模块、数据采集处理、检测事务管理、决策支持、报表打印管理、系统配置与基础数据管理等功能模块，主要功能如下：

1.检测事务管理：实现检测事务的流程管理，保证水质检测流程的规范化。

2.数据实时采集：通过标准接口与各水质监测仪器进行通信实现测量结果的实时传输。

3.检测数据处理：压缩和处理原始数据，产生实时数据和历史数据进行保存和提供查询。

4.报警判断与处理：实时分析各水质参数，自动判断是否出现报警或异常并进行相应处理。

5.系统日志信息：系统能记录运行过程中进行的各种操作和发生的各类事件。

6.统计查询报表：能够以多种形式显示统计数据，并形成各类统计报表。

7.决策支持：内置决策支持算法，自动剔除无效数据，根据不同的模型进行数据钻取和挖掘。

8.系统配置管理：工作流配置、系统权限设定、系统初始化设置、数据备份等功能。

（四）系统的其他应用效果和目标用户

使用物联网水质监测管理系统能够尽早发现水质的异常变化，迅速做出下游水质污染预报，及时追踪污染源，研究水的稀释、自净规律，连续累积水质监测资料，将推动水质监测向全天候、高速、实时、网络化、智能化方向发展。

在提高水功能区水质监测能力的同时，还能提高对突发、恶性水质污染事故的预警及快速反应能力。

另外，该系统的扩展用户目标包括废水污染监测：市政污水、生活污水、工业废水、中水回用等处理。

居民饮用水监测：水源地水质监测、城市供水管网监测。

淡水资源保护：河流、湖泊、水库等淡水资源保护。

水产养殖：水产养殖区域的水质监测。

（五）推广物联网水质监测管理系统

水质监控是我国预防污染、保护环境的重要领域，目前我国虽已建立部分水质自动监测站，但在水质自动监测软件系统方面还不够成熟，主要存在问题如下：

1.上位机软件系统与现场水质测量仪器耦合性过高，导致在水质现场的终端监测仪器部署灵活性不高，用户选择余地低，资金重复投入大，不如物联网传感器价廉质优。

2.软件系统没有基于 SOA 开放架构，数据不能共享，只能满足地域管理的自治性，不能实现全区域管理的统一性，从而使水质监测在数据物理存储分散性和管理集中性方面的矛盾日益突出，难以适应物联网与云计算发展的新形势。

3.测量仪器与软件系统之间的数据通信多采用有线 MODEM 方式，数据传输效率低，采样间隔时间长，传递不及时，一些图形图像数据不能采集，难以对水环境进行正确、及时的整体把握，不如物联网采用泛在网络具有灵活性。

物联网水质监测管理系统针对上述问题而推出，是集成化水质监测管理系统，该系统支持 GSM、3G 等多种网络通信方式，基于 SOA 架构，按三层体系结构进行软件功能设计，内置多种水质参数的数据集成模块，能够实现多维度水质数据的统计分析。

物联网水质监测管理系统的应用和推广在提高用户水质监测整体水平的同时，也能降低资金投入和后期维护成本，可带来良好的经济社会效益。

第八节　物联网与云计算的漏水检测方法

物联网与云计算的漏水检测方法采用的是与传统漏水检测类似的方法，只不过，传统漏水检测只由该检测终端确定，而新版本的漏水检测主角是物联网终端，当该终端难以确认漏水检测时，就交予云计算进行分析运算，从而把终端能力扩展为物联网与云计算。

一、物联网与云计算的常用漏水检测方法

目前国外通常采用的传统检漏方法有音听检漏法、相关检漏法、区域泄漏噪声自动监测法和分区检漏法等。其中前三种检漏法是靠漏口产生的声音来探测漏点的，这对无声的泄漏毫无办法。而分区检漏法是通过计量管道流量及压力判别有无漏水，即最小流量法。

现在国内水司通常采用的检漏方法有区域环境调查法、音听检漏法和相关检漏法，随着供水管网管理的规范和技术的进步，许多水司也逐步引进区域泄漏噪声自动监测法或分区检漏法，这对快速降低漏损、控制漏耗将起到积极的作用。

物联网与云计算的常用漏水检测方法在引进区域泄漏噪声自动监测法或分区检漏法基础上，把物联网终端技术加载其上，并在后台接入云计算及其数据中心，从而使物联网终端具有强大的漏水检测运算能力。由此比传统方法更为有效和快捷。

（一）物联网与云计算的环境调查及压力测试法

管道破损漏水，如漏量较大，一般会造成管网局部压力降低，离漏点越近压力越低。物联网与云计算的环境调查及压力测试法是在环境调查及其压力测试比较法基础上改进的，包括采用物联网压力测试终端，利用标准压力点和消防栓同时测压，从而接入数据中心进行联网比较计算，可以快速锁定漏水区域。

最直观的判定漏水线索和范围包括根据供水管网图及有关人员提供的情况，对供水管道进行详细的调查，包括管道连接情况、分布、材质及周围介质的情况，并通过观察路面情况、冬季积雪先溶、管线上方草木茂盛、下水井等沟渠清水长流等情况判定漏点。

（二）物联网与云计算的余氯检测法

按照国家规定的出厂水标准，氯和水接触 30 分钟后余氯含量要不低于 0.3mg/L，管网末梢水中游离性余氯的含量不低于 0.05mg/L。利用余氯与邻联甲苯胺反应生成黄色醌式化合物的传感器检测原理，通过该物联网终端对采集到的水样进行检测，从而通过接入云计算进行比色运算就可判断是否是供水管网发生泄漏。

（三）物联网与云计算的音听检漏法

音听检漏法分为阀栓听音、路面听音、钻探定位 3 种，前一种用于查找漏水的线索和范围，简称漏点预定位；后两种用于确定漏水点位置，简称漏点精确定位。

1.物联网与云计算的阀栓听音法。物联网与云计算的阀栓听音法包括采用物联网听音杆终端直接在管道暴露点（如消火栓、阀门及暴露的管道等）听测由漏水点产生的漏水声，通过相关云计算，即金属管道漏水声频率一般在300~2500Hz，而非金属管道漏水声频率在 100~700Hz，从而可以判断是否为漏水声及其大小。由此确定漏水管道，缩小漏水检测范围。听测点距漏水点位置越近，听测到的漏水声越大，反之越小。

2.物联网与云计算的地面听音法。当通过预定位方法确定漏水管段后，用物联网测漏仪终端在地面听测地下管道的漏水点，并进行精确定位。听测方式为沿着漏水管道走向以间距 50~70cm 逐点听测比较，异常点处要求小于20cm，并在异常点处反复进行听音分析，以确定异常点位置。

当地面物联网拾音器终端靠近漏水点时，听测到的漏水声越强，在漏水点上方达到最大。为了避免干扰，一般在晚上 11：00 至凌晨 5：00 内进行作业。

3.物联网与云计算的钻探定位法。当路面听音进行完毕，确定异常点后，用物联网管线定位仪终端定准异常点附近管线，在管线正上方用冲击钻钻探，然后利用听音杆直接接触管体听音。利用此方法通过物联网管线定位仪终端把数据传入数据中心进行云计算，就可进一步对漏点进行精确定位。

（四）物联网与云计算的相关检漏法

相关检漏法是一种先进有效的检漏方法，特别适用于环境干扰噪声大、管道埋设太深或不适宜用地面听音法的区域。用相关仪可快速准确地测出地下管道漏水点的精确位置。

其工作原理为：当管道漏水时，在漏口处会产生漏水声波，并沿管道向远方传播，当把物联网传感器终端放在管道或连接件的不同位置时，相关仪主机可测出由漏口产生的漏水声波传播到不同物联网传感器终端的时间差 Td，只要给定两个物联网传感器终端之间管道的实际长度 L 和声波在该管道的传播速度 V，漏水点的位置 Lx 就可按下式通过云计算分析。

$$Lx=(L-V\times Td)/2$$

式中 V 取决于管材、管径和管道中的介质。

（五）物联网终端区域泄漏噪声自动监测法

该区域泄漏噪声自动监测法是利用区域泄漏普查系统，对某小区或一定区域内供水管网进行集中检测。

首先对检测物联网探头终端进行检测设置，并把该探头按一定距离放置在管网附属设施上，被设置好的物联网探头终端将按预定要求检测管线的噪声状况，通过接入云计算进行分析，从而可一次自动完成对一片区域管网漏水状况的测试。

该检测不仅可以降低测漏人员的工作强度，而且可以明显提高检测工作效率，缩短漏水检测周期。

传统测试首先需要将测试信息记录在探头之中，然后按预定时间与要求，在完成测试后即将探头取回，向主机或计算机下载数据，然后将下载成功的数据及时存盘再进行分析。该方法人工完成对区域管网漏水状况的测试，难以降低测漏人员的工作强度，无法明显提高检测工作效率，缩短漏水检测周期。

二、国内外供水企业常用的漏损控制技术

国内外供水企业常用的漏损控制技术主要有 4 种。

1. 压力控制。压力控制的好处是：减少爆管事故，提供更稳定的服务；减少背景渗漏及暗漏量；减少设施维修量；延长资产寿命；压力控制所需的费用远远低于管网改造的费用等。

2. 利用漏水检测技术开展主动检漏。主动检漏的目的是：缩短漏水发生到被发现的时间，减少损失、避免灾害的发生；尽早发现更多、更大的漏水点，最大化地减少资源的浪费；经济、合理地监控，不断降低并维持低漏损水平；投入产出比及利益最大化。

3. 漏水点的维修速度与质量。

4. 管道等的管理、安装、维护、更换和改造。

国内外的实践经验表明，在上述漏损控制技术中，利用漏水检测技术开展主动检漏，具有投资少、见效快、效益明显等优点。因此，利用漏水检测技术主动开展管网漏水检测工作已成为国内供水企业降低管道漏损的重要途径。

这些方法都可以采用物联网与云计算为手段加以改进实现。

三、漏水检测的重要性和必要性

开展漏水检测是创建"节约型社会"的需要，是供水企业提高社会效益的需要

（一）开展漏水检测是供水企业创建"节约型社会"的需要

水是世界上最宝贵的一种资源。据联合国环境规划署预测，水的问题将会同 20 世纪 70 年代的能源一样，成为 21 世纪初世界大部分地区面临的最严峻的自然资源问题。

而我国的水资源状况更不容乐观，根据水利部《21 世纪中国水供求》分析，我国已被世界列为 13 个贫水国之一，人均拥有水量相当于世界人均量的 1/4，到 2020 年我国缺水总量将达到 318 亿立方米。这表明，2020 年后我国将开始进入严重的缺水期。现在全社会已逐渐认识到水资源的重要性，"十一五"规划的建议更指出："要把节约资源作为基本国策，发展循环经济，保护生态环境，加快建设资源节约型、环境友好型社会，促进经济发展与人口、资源、环境相协调。"而对于国内供水企业，由于城市规模不断扩大和"一户一表"改造工作的不断深入，管理的供水管网长度突增。同时，许多管网超期服役，腐蚀老化，跑冒滴漏严重。这些因素使管网漏损率不断上升，造成大量的自来水白白流失。

（二）开展漏水检测是供水企业提高社会效益的需要

城市供水是一种社会公用事业，供水企业的服务质量不仅是衡量企业管理水平的一个标志，一定程度上也代表着党和政府在群众中的形象。

随着社会的发展和城市居民维权意识的提高，用户对供水企业的要求越来越高，由于供水管网漏水造成的水质、水压、水量、供水的连续性和安全性等问题成为市民投诉的热点。同时，管网漏水也给环境带来了一定的影响。

例如，路面塌陷，影响交通安全；长期漏水造成建筑物出现质量问题；防空洞、地下室、各种缆线检查井积水等情况。一系列问题和情况的出现严重干扰市民的正常生产和生活，往往被政府和新闻媒体所关注，供水企业如果处理不好，会对企业产生严重的负面影响。

因此，社会对供水管网漏水点的及早发现、准确定位、快速抢修、迅速供水提出了更高的要求。而对于供水企业，加强漏水检测，提高漏点定位的及时率和准确度是解决该问题一项行之有效的措施。

水资源是宝贵的，节约用水应是防止水资源出现危机，解决供需矛盾的长期的必要的方针。供水中所遇到的每个问题都要力争解决，对于漏水检测工作

更应受到供水企业的重视，才能使节约用水不仅是一句口号。

供水公司对供水过程中每个细节的周全考虑将会直接影响社会对节约用水意识的提高，所以处处无小事，只有从点滴做起，才能更好地实现全社会节水的热潮。

第九节　数字地球及数字水利的物联网与云计算

"数字地球"可以说是智慧地球的萌芽，"数字水利"则可以说是"数字地球"的应用。"数字地球"和"数字水利"都必须依靠物联网与云计算才能够日趋完美。

一、数字水利的物联网与云计算

水利包括地球表面及表层的水资源、水环境，以及为防洪抗旱、水土保持、农田水利、河道整治而修建的水利工程等。数字水利是基于 3S（RS，GIS，GPS）的水利数字技术。数字水利的物联网与云计算上通云计算数据中心、下靠物联网终端。由此，数字水利的物联网与云计算把运算及其传感、控制与数字水利联系在一起，从而使数字水利有了灵魂思考能力、感官感觉能力和意志行为能力。

（一）物联网与云计算的数字水利技术

物联网与云计算的数字水利技术，把 3S 水利数字技术作为物联网传感终端技术，结合物联网与云计算的其他终端传感和控制技术，通过云计算及其数据中心实现云端互动运算及其传感、控制。

1. 水利数字基础技术。水利行业自 20 世纪 80 年代初开始应用遥感（RS）技术，即通过对地观测获取信息。

全球定位系统（GPS）的使用则始于 80 年代后期，在经历了认识了解和初步应用这两个阶段后，现已步入深入应用的阶段，且很快就与生产实际紧密地结合起来。

全球地理信息系统（GIS）在水利行业的应用始于 20 世纪 90 年代初，但发展非常迅速，在地面及水下地形测绘中使用已很普遍。

3S技术是"数字地球"的技术基础，已经在水利行业发挥了重大作用，但应用潜力还有待进一步挖掘。利用 RS 和 GIS 技术，可快速准确地为决策部门提供有关灾害、资源、水利规划与管理方面的调查统计数据。

2.物联网数字水利传感技术。物联网数字水利传感技术包括无线光纤传感器网络技术，部署在大坝上的无线光纤光栅传感器节点通过无线收发装置形成无线传感器网络。光纤光栅传感器网络的优点包括：光栅传感器能够很好地解决防雷击问题，系统安全性高；光纤光栅传感系统自动化程度高；光纤光栅传感系统是一种实时监测系统；光纤光栅传感系统可采用双光纤布设传感器，系统可靠性高。无线传感器网络、光纤传感器网络技术在数字水利中的应用有洪水监测和大坝安全监测等。

（1）洪水监测。将监测降雨量、水位与天气等环境条件的传感器预先放置在被观测的地域，按时或在测试数据超过预定值时，及时将数据传送到检测中心的计算机，计算机将采集到的数据进行融合、处理之后向管理人员提出洪水信息，从而可以研究分布式查询算法。

（2）大坝安全监测。水库大坝安全监测的对象包括坝体、坝基、坝肩，以及对大坝安全有重大影响的近坝区岸坡和与大坝有直接关系的建筑物和设备。大坝安全监测一般包括变形监测、渗漏监测、内部监测、环境量监测等。目前对大坝安全监测主要方法有光纤光栅传感器网络与无线传感器网络。

3.物联网数字水利控制技术。物联网数字水利控制技术包括机电一体化的电动水闸控制技术、各类水泵控制技术、各类发电机控制技术，以及控制终端及其网络通信技术，还包括接入云计算及其数据中心的云端互动运算技术。

4.云计算的数字水利传感控制技术。云计算的数字水利传感控制技术包括该云计算及其数据中心技术、该传感信息的数据云存储技术、该专家数学建模算法库、智能分析关系库，以及智能协同感知与控制技术等。近期建设目标和总目标包括如下：

（1）近期建设目标。充分利用传感器、视频监控探头以及各种测试仪器，利用互联网与无线传感器网络、无线网络，建立覆盖全流域的水利信息网络。完善数字化管理体系，制定水利信息化相关的管理条例、法规、标准、规范与安全保障体系。建设与健全覆盖全流域的空间信息数据库、社会经济信息数据库、生态信息数据库、水文数据库、土地利用数据库、水质监测与评价数据库、水土保持数据库、水利建设规划数据库，以及信息共享平台。建设相应的智能信息处理与决策支持系统，提高流域各类资源可视化水平，以及预测、预报模型与算法，提高决策支持能力。

（2）总建设目标。广泛开发水利信息资源，基本建成水利信息网、水利数据中心与安全保障体系，全方位构建水利信息基础设施。深入开发和利用水利信息资源，完善水利信息基础设施，持续改善水利数字化保障环节，全面推进重点业务应用，提高信息资源利用水平，提供全面、快捷、准确的信息服务，增加决策支持能力，基本实现水利数字化，为实现水利现代化奠定基础。

（二）物联网与云计算的数字水利功能

物联网与云计算的数字水利功能包括物联网与云计算把运算及其传感、控制与数字水利联系在一起，从而使数字水利有了灵魂思考能力、感官感觉能力和意志行为能力。物联网与云计算的数字水利功能体现在防汛指挥调度、抗旱管理、水资源调度管理、水环境保护、水土流失监测与管理、水利工程建设与运行管理等方面。同时，还保持以下传统数字水利技术功能：

1.灾情评估。包括评估洪涝灾害淹没耕地及居民地面积、受灾人口和受淹房屋间数；旱情；大面积水体污染和赤潮的影响范围；大面积泥石流、滑坡等山地灾害的影响范围。

2.水资源水环境调查。应用遥感资料进行下垫面属性分类，计算其分类面积，选取经验参数及入渗系数。根据多年平均降水量，计算出多年平均地表径流深、入渗补给量。两者之和扣去重复计算的基流量即为多年平均水量，对国内某些流域进行估算的相对误差小于7%，尤其适用于无水文资料地区。此外，根据遥感资料提供的积雪分布（三维）、积雪量、雪面湿度，用融雪径流流域模型估算融雪水资源和流域出流过程的相对误差在10%左右。如有精度较高的数字高程模型（DEM，1∶10000以上），湖泊面积及容量调查也有较高精度。目前已可以对混浊度、pH值、含盐度、BOD和COD等要素作定量监测，对污染带的位置作定性监测。

3.土地资源调查。包括监测水蚀、风蚀等多种类型的土壤侵蚀区的侵蚀面积、数量和强度发展的动态变化；盐碱地、沼泽地、风沙地、山地侵蚀地等劣质土退化地的面积调查与动态监测；土地利用现状调查、耕地面积和滩涂面积调查。

4.工程规划与管理。包括大型水库淹没区实物量估算、库区移民安置环境容量调查、灌溉区实际灌溉面积和有效灌溉面积的调查、水库淤积测量。除了提供调查、监测和统计数据外，3S 技术作为一种新的技术手段，与传统手段相结合，还在防灾减灾、水资源开发利用以及水利工程规划、建设和管理等方面发挥了重要作用。

5. 防洪减灾及业务运行。包括星载和机载侧视合成孔径雷达（SAR）实时监测特大洪水造成的灾情，将信息迅速传送到指挥决策机构；对易发洪灾区和重点防洪地区建立防洪信息系统；旱灾的实时监测；在全球气候变暖、海平面上升以及地下水超采造成地面沉降等情况下，对可能造成的海水入侵的范围作出预估和进行对策研究。

6. 水资源开发利用研究。包括利用遥感资料和 GIS 建立与大气模型耦合的大尺度水文模型，计算出在全球未来气候变化情况下区域水资源的增减；采用细分光谱卫星资料、主动式微波传感器与地球物理、地球化学等多种信息源相结合，以信息系统为支持，分析研究地下储水结构。

7. 大型水利水电工程及跨流域调水工程对生态环境影响的监测与综合评价。包括大型水利水电枢纽工程地质条件的遥感调查、技术经济评价及动态监测，流域综合规划；灌区规划；水库上游水土流失调查及对水库淤积的趋势预测，河口泥沙监测和综合治理；河道演变监测；河道、水库、湖泊等水体水质污染遥感动态监测；流域治理效益调查；海岸带综合治理；对施工过程中的坝址进行 1 ∶ 2000 的大比例尺遥感制图，包括坝肩多光谱近景摄影，以研究坝肩裂隙和节理的分布变化情况。

（三）数字水利建设现状

目前，正在启动的国家防汛指挥系统工程将在数据传输方面采用通信卫星和安全的网络技术；用遥感技术监测洪涝灾害；在七大江河流域建立以 GIS 技术为支撑的包括社会经济、水体、水利工程、地形、土地利用、行政边界、交通、通信、生命线工程等数据层的分布式防洪基础背景数据库或数据仓库；完善水文及灾害预报这些以空间数据为基础的虚拟地球的技术；可以进行异地会商和远程教育。在上述技术的基础上，可以在灾前做洪水预报及对未来各种降雨情况下的水情形模拟；可以针对洪水预报作出多个调度预案，进行后效与损失比较，为决策提供依据；可根据决策，优化分洪区居民撤离，抢险物资及救灾物资的输运路线；可对灾情的发展作出空间与时间上的预测；可对灾后重新进行规划。

总而言之，将在真正意义上做到防洪减灾，把损失降到最低。这是"数字水利"在防洪方面的一个雏形，有统一的数据定义、格式和交换标准。从上述已有的工作基础和即将进行的工作可以看出建设"数字水利"的可行性和重要性，从而也从一个小的侧面反映了建设"数字国家"乃至"数字地球"的战略意义。就"数字水利"而言，要跨出的第一步是提高对信息化的认识，推行计算机技术的普及，实现现有多源信息的数字化、空间结构化、网络化和标准化，大力推进信息资源的共享，把已有的数据充分开发利用起来。

数字水利工作者要敏锐地抓住这一机遇，迎接这一挑战，抓应用、促发展，引导水利科学、信息科学和水利产业的发展。

二、数字地球的物联网与云计算

"数字地球"的物联网与云计算也就是"智慧地球"。物联网与云计算可以说是他们前世今生的桥梁。理解数字地球是了解智慧地球的钥匙。

（一）智慧地球与数字地球

所谓的智慧地球，就是把数字地球技术视为物联网与云计算技术的一部分，即把数字地球的传感技术（包括 RS 技术、GPS 技术）统统视为智慧地球的物联网终端技术，把数字地球的信息处理技术（包括 GIS）统统视为智慧地球的云计算及其数据中心技术。

数字地球的概念，如谷歌地球软件，其积极意义是不言而喻的。但也有其消极意义，包括把地球作为人类的一个观察对象，仅仅对其进行信息传感和测量，充其量不过是把原来的地球仪放到电脑上，使其呈现的不仅仅是抽象地图地理，而是现实的地球物理知识。智慧地球通过物联网与云计算，使地球具有感官感觉、运算思维、意志行为等能力。例如，通过物联网风浪传感器可以感知台风、海浪信息，通过一定物理模型及其数学建模的云计算可以预测即将面临的风浪趋势，从而可以控制船泊躲避随后的风浪袭击。

（二）数字地球的来历

数字地球就是通过传感和测量把地球数字化。真正的地球通过 GPS 技术、RS 技术把地球物理信息与经纬度相关联，由此形成计算机可以识别的地球数字信息。如果要进一步理解数字地球的内涵，可以到谷歌网站下一个谷歌地球软件，安装并运行后就可以身临其境地体验了。

1. "数字地球"概念的提出。1998 年 1 月 31 日，美国副总统戈尔在题为"数字地球：对 21 世纪人类星球的认识"的讲演中提出了"数字地球"的概念。由政治家而不是科学家提出的该概念，是带有整体性和导向性的国家战略目标，是为了刺激经济发展，保持美国在高新技术领域的领先地位。它与美国以前提出的星球大战计划和信息高速公路一样都是为美国的战略目标服务的，因此受到世界各国普遍的关注。

我国科学界对此也高度重视，举办了许多专题讨论会和座谈会，目前更通过抓住物联网与云计算的机遇迎接"数字地球"的挑战。

2."数字地球"的意义。"数字地球"是指信息化的地球，或者说是地球的虚拟对照体。数字地球包括信息的获取、处理和应用，即采用空间、高空、低空、地面、遥感、测绘、地球化学或地球物理等各种手段获得海量的地球数据，并用计算机将它们和与之相关的其他数据以及应用模型结合起来，在网络系统中重现真实的地球。数字地球是人类认识地球的飞跃技术，数字地球是重大技术的突破口，它是国家可持续发展的要求，它也是宏伟的国家战略目标。

（三）数字地球的内容和作用

数字地球核心思想是用数字化手段统一处理地球问题，同时又最大限度地利用信息资源。数字地球是当代科学技术与社会经济发展需求紧密结合的必然结果。

1.数字地球新理论和技术。数字地球涉及许多新的相关理论和技术。例如，获取地球表面（或浅层）数据的技术、数据标准、数据存储和传输、网络技术、分布式空间数据库、数据挖掘、互操作技术、分布式对象技术、虚拟技术知识和分布式智能技术、开放式地理信息系统、网络地理信息系统，以及适用于各个生产部门的各类应用模型。

2.数字地球是信息资源。在知识经济社会中，信息资源的重要性要比在工业经济社会中的自然资源更加重要。数字地球则是未来信息资源的主体。因为人类信息资源的80%与空间位置有关，可以纳入数字地球之中。信息时代的来临，改变了人类的生存和发展方式，未来利益的分配和冲突（包括经济和军事冲突）将会在很大程度上依赖对数字地球的控制。

3.数字地球可发挥重大作用。数字地球可以在自然灾害监测和预测、发展精细农业、水资源和土地资源的监测与保护、城市规划和建设、环境监测与保护、全球变化、海洋资源开发和保护、远程教育和军事等领域发挥重大的作用。

（四）数字地球基础技术和功能

数字地球的基础是信息的获取、处理和应用。卫星、航天飞机、宇宙飞船、飞机、热气球携带的各种波段的各类传感器构成了对地观测的主体，提供了全球连续和重复的表面数据，使之有条件将地球系统作为一个整体来认识。

1. 星载对地观测（GPS）

近年来，星载对地观测发展十分迅速。许多国家，包括一些第三世界国家和小国家都研制和发射了卫星。分辨率高达 1~3m 的商用系统相继上天，100~500kg 重的小卫星打破了空间技术的神秘感。因此，目前对地观测是获取地球表面信息的主要手段，某些原来必须通过地面观测才能获取的信息，现在也可以通过对地观测获取。对地观测与数字地球有十分密切的关系，在目前和在将来都是最基本的技术手段。

2. 数据处理技术

随着数据获取手段的不断增强，对数据处理、传输、分辨和压缩技术的要求也越来越高。数字地球主要的基础设施建设是"信息高速公路"和"国家空间数据基础设施"。信息高速公路就是高速信息电子网络。由通信网络、计算机、数据库等组成的网络体系能随时给用户提供大量信息。宽带通信业务的通信速率高于 2Mbit/s，宽带综合业务数字网（简称宽带网）是一种全数字化、高速、宽带、具有综合业务能力的智能化通信网。它可集当今世界上所有的通信业务于一个通信网络中，传输速度也比现在的互联网快得多。带宽是实现高速传输的关键。为了在信息高速公路上表示和查询与地理有关的空间信息，美国在 1994 年又提出建立国家空间数据基础设施（NSDI）。它主要包括地球空间数据框架，空间数据协调、管理与分发体系，空间数据交换网络，以及空间数据转换标准。我国也正在加快"国家地理空间信息基础设施"的建设。

3. 地理信息系统（GIS）

地理信息系统是通过计算机技术，对各种与地理位置有关的信息进行采集、存储、检索、显示和分析。通过任何途径（遥感、测绘、调查、测量、统计等）得到的信息都可以通过 GIS 建成一个数据库。随着网络技术的日益成熟，同一地区的不同信息系统之间以及不同地区的同类信息系统之间开始连通和兼容。近五年来，地理信息系统和万维网结合发展成了基于网络的地理信息系统，即 WebGIS。

4. 空间数据仓库

随着信息量的飞速增长，信息技术的迅速发展和用户需求的增加，传统的空间数据库已不能满足需求，信息系统要从管理向决策处理发展。要满足这种新需求，空间数据仓库这种空间信息的集成方案就应运而生了。

它在较高层次上对数据进行了综合、归类，并加以抽象地分析和利用，是面向主题组织的。为了消除源数据中的不一致性和能对数据进行综合计算，所有入库数据必须先经过统一和综合。数据仓库中的数据可随时间变化，去旧迎新。但其特点是对数据按时段进行综合，随时更新的数据是数据库中的数据，而不是经集成输入到空间数据仓库中的数据。

（五）数字地球的应用

我们投入极大的力量建设数字地球，解决数据采集，海量数据的存储、处理、传输，其目的就是要让更多的人充分应用这些数据，也就是要实现数据共享，减少重复劳动和投资，让更多的专业技术人员把精力集中于数据应用上。

1.数据共享。要实现数据共享，必须建立统一的数据格式和交换标准。除了技术问题外，还要在管理上制定相应的法规，规定使用权限和费用，保护数据版权。共建共享，规定使用权限的层次，签订数据使用协议等都是实现数据共享中可以考虑的方式。

2.分析、综合。在取得各种来源的数据后，要充分应用它们，必然会遇到多源信息的融合问题，这是各种数据在一定准则下进行分析、综合，从而完成决策或评估等而进行的自动信息处理过程。这种过程往往在表示不同级别的几个层次上完成对多源信息的处理，其结果也有层次的高低之分。处理方式有相关、互联、估计以及组合等。

3.应用目的。信息的应用是建设数字地球的最根本的目的。各个部门和地区应用信息的能力和积极性是建设数字地球的原动力。数字地球是国家目标，决定了必然是政府行为，也必定要有广泛的应用基础。

第五章
云计算与物联网通信

云计算与物联网都是基于互联网的，可以说互联网就是它们相互连接的一个纽带。云计算技术是物联网涵盖的技术范畴之一，随着物联网的发展，未来物联网将势必产生海量数据，将云计算运用到物联网的应用层与传输层，将会大幅提高运行效率。

第一节　物联网三层体系结构

目前，物联网体系结构大致公认为有三个层次，底层是用来感知数据的感知层；第二层是数据传输的网络层；最上面一层则是内容的应用层，感知层的功能是识别物体和采集信息。其功能包括二维码标签和识读器、RFID标签和读/写器、摄像头、GPS、M2M（Machineto Machine）终端、无线传感器网络等。感知层是实现物联网全面感知的核心能力，也是物联网中的关键技术、标准化、产业化等方面亟待突破的部分。感知层目前待解决的关键问题在于如何具备更精确、更全面的感知能力，并解决低功耗、小型化和低成本的问题。

网络层的功能是信息传递和处理。其功能包括移动通信与互联网的融合网络、物联网管理中心和物联网信息中心等。网络层将感知层获取的信息进行传递和处理，类似于人体结构中的神经中枢和大脑。代表网络层的广泛覆盖的移动通信网络是实现物联网的基础设施，是物联网三层中标准化程度最高、产业化能力最强、最成熟的部分。网络层目前待解决的关键问题在于为物联网应用特征进行优化和改进，形成协同感知的网络。

应用层是物联网与行业专业技术的深度融合，与行业需求结合，实现行业智能化，这类似于人类的社会分工，最终构成人类社会。它包括的范围很广泛，如绿色农业、工业监控、公共安全、城市管理、远程医疗、智能家居、智能交通、环境监测等。应用层提供丰富的基于物联网的应用，是物联网发展的根本目标。应用层目前待解决的关键问题在于行业融合、信息资源的开发利用、低成本高质量的解决方案、信息安全的保障以及有效的商业模式的开发。云计算可以被认为是应用层的支撑技术。云计算由于具有强大的处理能力、存储能力、带宽和极高的性价比，可以有效地用于物联网应用和业务，也是应用层能提供众多服务的基础。同时，物联网也将成为云计算最大的用户，促使云计算取得更大的商业成功。

一、感知层关键技术

物联网在传统网络的基础上，从原有网络用户终端向"下"延伸和扩展，扩大通信的对象范围，即通信不仅仅局限于人与人之间的通信，还扩展到人与现实世界的各种物体之间的通信。

物联网感知层解决的就是人类和物理世界的数据获取问题。感知层处于三层架构的最底层，是物联网发展和应用的基础，具有物联网全面感知的核心能力。作为物联网最基本的一层，感知层具有十分重要的作用。

感知层一般包括数据采集和数据短距离传输两部分。此处的短距离传输技术，尤指像蓝牙、ZigBee 这类传输距离小于 100m、速率低于 1Mb/s 感知层所需要的关键技术包括传感器技术、射频识别技术、无线传感器网络、M2M 技术等的中低速无线短距离传输技术。

（一）传感器技术

计算机类似于人的大脑，而仅有大脑而没有感知外界信息的"五官"显然是不够的，计算机也还需要它们的"五官"——传感器。

传感器的功能首先是能感受到被检测的信息，其次还包括传输、处理、存储、显示、记录、控制等其他功能。

传感器分类的依据很多，比较常用的是按被检测到的物理量分类、按工作原理分类、按输出信号的性质分类这三种。另外，按是否具有信息处理功能来分类也变得重要起来，如自身不具有信息处理能力的传感器称为一般传感器，它需要计算机进行信息处理。而智能传感器其自身就具有信息处理能力。

传感器是摄取信息的关键器件，它是物联网中不可缺少的信息采集手段，也是采用微电子技术改造传统产业的重要方法。

（二）RFID 技术

RFID 是射频识别（Radio Frequency Identification）的英文缩写，它是 20 世纪 90 年代开始兴起的一种自动识别技术，其利用射频信号通过空间电磁耦合实现无接触信息传递并通过所传递的信息实现物体识别。在对物联网的构想中，RFID 标签中存储着规范而具有互用性的信息，通过有线或无线的方式把它们自动采集到中央信息系统，实现对物品（商品）的识别，进而通过开放式的计算机网络实现信息交换和共享，实现对物品的"透明"管理。以下是 RFID 系统的组成：

1.电子标签（Tag）：由芯片和标签天线或线圈组成，通过电感耦合或电磁

反射原理与读 / 写器进行通信。电子标签芯片有数据存储区，用于存储待识别物品的标识信息。

2. 读 / 写器（Reader）：读取（在读 / 写卡中还可以写入）标签信息的设备。读 / 写器是将约定格式的待识别物品的标识信息写入电子标签的存储区中（写入功能）或者在读 / 写器的阅读范围内以无接触的方式将电子标签内保存的信息读取出来（读出功能）。

3. 天线（Antenna）：用于发射和接收射频信号。它往往内置在电子标签和读 / 写器中，也可以通过同轴电缆与读 / 写器天线接口相连。

RFID 技术的工作原理是：电子标签进入读 / 写器产生的磁场后，读 / 写器发出射频信号；凭借感应电流所获得的能量发送出存储在芯片中的产品信息（无源标签或被动标签）或者主动发送某一频率的信号（有源标签或主动标签）；读 / 写器读取信息并解码后，送至中央信息系统进行有关数据处理。

（三）无线传感器

网络无线传感器网络（Wireless Sensor Network，WSN）由部署在检测区域内大量的廉价卫星传感器节点组成，通过无线通信方式形成一个多跳的自组织的网络系统。它的目的是协助性地感知、采集和处理网络覆盖区域中对象的信息，并发送给观察者。

无线传感器网络的基本功能是将一系列空间分散的传感器单元通过自组织的无线网络进行连接，从而将各自采集的数据通过无线网络进行传输汇总，以实现对空间分散范围内的物理或环境状况的协作监控，并根据这些信息进行相应的分析和处理。无线传感器网络相比传统网络有以下一些特点：

1. 节点数目更为庞大（上千甚至上万），节点分布更为密集。

2. 由于环境影响和存在能量耗尽问题，节点更容易出现故障。

3. 环境干扰和节点故障易造成网络拓扑结构的变化。

4. 通常情况下，大多数传感器节点是固定不动的。

5. 传感器节点具有的能量、处理能力、存储能力和通信能力等都十分有限。

6. 不同于传统无线网络的高服务质量和高效的带宽的利用，节能是其设计的首要考虑因素。

在无线传感器网络应用中，根据采集和发送数据的方式，可将其分为两类：时间驱动型传感器网络和事件驱动型传感器网络。前者，节点周期性采集并发送数据给汇聚节点，数据传输率是固定的；后者，只有当节点探测到目标事件后，才会以较高的速率发送数据，通常情况只需发送网络管理和状态信息，因为数据量较少，所以数据的采集和发送通常不可预测。由于事件的随机性和突发性，因此在没有事件的大部分时间里，网络处于空闲状态，一旦事件到来，数据流量迅速增加，且可能在局部区域形成热点，造成信道拥堵。

（四）M2M 技术

M2M 根据不同场景代表 Machine-to-Machine（机器对机器）、Man-to-Machine（人对机器）、Machine-to-Man（机器对人）、Mobile-to-Machine（移动网络对机器）、Machine-to-Mobile（机器对移动网络）等。M2M 是现阶段物联网普遍的感知形式，是实现物联网的第一步。

M2M 技术将多种不同类型的通信技术有机地结合在一起，将数据从一台终端传送到另一台终端，也就是机器与机器的对话。它的目标就是使所有机器设备都具备联网和通信能力，其核心理念就是"网络一切"（Network Everything）。

二、网络层关键技术

网络层主要承担着数据传输的功能。在物联网中，要求网络层能够把感知层感知到的数据无障碍、高可靠性、高安全性地进行传送，它解决的是感知层所获得的数据在一定范围内，尤其是远距离地传输问题。

网络层的关键技术包括 Internet、移动通信网等。有时候，无线传感器网络也可以被看成是跨感知层和网络层的关键技术之一。

（一）Internet

物联网也被认为是 Internet 的进一步延伸。Internet 将作为物联网主要的传输网络之一，它将使物联网无所不在、无处不在地深入社会每个角落。

（二）移动通信网

移动通信网由无线接入网、核心网和骨干网三部分组成。无线接入网主要为移动终端提供接入网络服务，核心网和骨干网主要为各种业务提供交换和传输服务。

移动通信网为人与人之间、人与网络之间、物与物之间的通信提供服务。在移动通信网中，当前比较热门的接入技术有 3G、4G 等。

三、应用层关键技术

应用层功能是对感知和传输来的信息进行分析和处理，作出正确的控制和决策，实现智能化的管理、应用和服务。这一层解决的是信息处理和人机界面的问题。

（一）云计算

云计算（Cloud Computing）是分布式计算（Distributed Computing）、并行计算（Parallel Computing）和网格计算（Grid Computing）的发展，也可以说是这些计算机科学概念的商业实现。用户可以在多种场合，利用各类终端，通过互联网接入云计算平台来共享资源。

（二）人工智能

人工智能（Artificial Intelligence）是探索研究使各种机器模拟人的某些思维过程和智能行为（如学习、推理、思考、规划等），使人类的智能得以物化与延伸的一门学科。在物联网中，人工智能技术主要负责分析物品所承载的信息内容，从而实现计算机自动处理。

（三）数据挖掘

数据挖掘（Data Mining）是从大量的、不完全的、有噪声的、模糊的及随机的实际应用数据中挖掘出隐含的、未知的、对决策有潜在价值的数据的过程。在物联网中，数据挖掘只是一个代表性概念，它是一些能够实现物联网"智能化""智慧化"的分析技术和应用的统称。

（四）中间件

中间件是为了实现每个小的应用环境或系统的标准化以及它们之间的通信，在后台应用软件和读写器之间设置的一个通用的平台和接口。物联网中间件的主要作用在于将实体对象转换为信息环境下的虚拟对象，因此数据处理是中间件最重要的功能。

第二节　物联网通信概述

本节着重讲解主流的无线个域网（Wireless Personal Area Network，WPAN）技术，主要说明无线广域网（Wireless Wide Area Network，WWAN）、

无线城域网（Wireless Metropolitan Area Network，WMAN）、无线局域网（Wireless Local Area Network，WLAN）的技术。由于 WWAN、WMAN、WLAN 的地理覆盖范围比 WPAN 广，因此称为中长距离物联网通信。而 WPAN 技术称为短距离物联网通信。

WWAN 以移动通信网（2G、3G、4G）为主介绍，WMAN 以 IEEE802.16（WiMAX）为主介绍，WLAN 以 IEEE802.11 及其衍生标准为代表的一系列技术加以介绍。

下面着重分析 WPAN 技术。先看一个通过 WPAN 技术实现短距离物联网通信的例子。美国福特汽车公司正在研制一种监测驾驶员心脏状况的座椅。福特公司认为，如今 65 岁以上的驾车人越来越多，因此这种座椅将广受欢迎。

椅背上将安装 6 个通过短距离物联网通信互联的小型传感器，能够监测驾驶员的心率，如果监测到任何问题，汽车就会向驾驶员发出警告，甚至自动停车，相关信息会通过驾驶员的手机发送到医疗中心。

统计数据显示，到 2025 年，欧洲 23% 的人口将在 65 岁以上，到 2050 年这一比例将达到 30%。未来几十年，有心脏病风险的驾驶员数量将大大增加。

WPAN 是一种采用无线连接的个人局域网。它被用在诸如电话、计算机、附属设备以及小范围（WPAN 的工作范围一般在 10 m 以内）内的数字助理设备之间的通信。支持无线个人局域网的技术包括：蓝牙、ZigBee、超宽带（UWB）、60 GHz、IrDA（Infrared DataAssociation，红外数据组织）、HomeRF 等，其中蓝牙技术在 WPAN 中使用得最广泛。每一项技术只有被用于特定的用途、应用程序或领域才能发挥最佳的作用。此外，虽然在某些方面，有些技术被认为是在 WPAN 空间中相互竞争的，但是它们常常相互之间又是互补的。

2002 年，IEEE802.15 工作组成立，专门从事 WPAN 标准化工作。它的任务是开发一套适用于短程无线通信的标准（10 m 左右）。IEEE802.15 工作组是对 WPAN 作出定义说明的机构。目前，IEEE802.15WPAN 共拥有以下四个工作组：

任务组 TG1：制定 IEEE802.15.1 标准，即蓝牙 WPAN 标准。

任务组 TG2：制定 IEEE802.15.2 标准，研究 IEEE802.15.1 与 IEEE802.11 的共存问题（为所有工作在 2.4GHz 频带上的无线应用建立一个标准）。

任务组 TG3：制定 IEEE802.15.3 标准，高数据率 WPAN 工作组，适用于高质量要求的多媒体应用领域。高频率的 IEEE802.15.3a（TG3a，也被称为超宽带或 UWB）、高频率的 IEEE802.15.3c（TG3c，也被称为 60GHz）。支持用于多媒体的介于 20Mb/s 和 1Gb/s 之间的数据传输速度。

任务组 TG4：制定 IEEE802.15.4 标准，满足低功耗、低成本的无线网络要求，制定低数据率的 WPAN（LR-WPAN，LowRate-WPAN）标准。因与传感器网络有许多相似之处，被认为是传感器的通信标准（ZigBee 协议的底层标准）。TG4ZigBee 针对低电压和低成本家庭控制方案提供 20Kb/s 或 250Kb/s 的数据传输速度。

无线个域网 WPAN 是为了实现活动半径小、业务类型丰富、面向特定群体、无线无缝的连接而提出的新兴无线通信网络技术。WPAN 能够有效地解决"最后的几米电缆"的问题，进而将无线联网进行到底。

在理想情况下，当任意两个配有 WPAN 的设备接近（在对方的数米范围内）时或在中央服务器的几千米内，它们就可以沟通，就像连接电缆一样通信。WPAN 的另一个重要特点是每个设备对其他设备能选择性地锁定，防止不必要的干扰或未经授权的信息访问。

WPAN 是一种与无线广域网（Wireless Wide Area Network，WWAN）、无线城域网（Wireless Metropolitan Area Network，WMAN）、无线局域网（Wireless Local Area Network，WLAN）并列但覆盖范围相对较小的无线网络。在网络构成上，WPAN 位于整个网络链的末端，用于实现同一地点终端与终端间的连接，如连接手机和蓝牙耳机等。WPAN 所覆盖的半径范围一般在 10m 以内，必须运行于许可的无线频段。WPAN 设备具有价格便宜、体积小、易操作和功耗低等优点。

本节开始的例子其实也显示了 WPAN 与无线广域网（此处是通过手机接入的移动通信网）互联的例子。

无线个人通信实现在任何地点、在任何时候、与任何人进行通信并获得信息。这与物联网"无处不在"的概念相契合。因此随着无线通信技术的发展，物联网的普及之路将变得更加清晰。

移动通信网络实现全局端到端物联网通信，而短距离无线通信主要关注建立局部范围内临时性的物联网通信。什么是短距离无线通信？一般来讲，短距离无线通信的主要特点为：通信距离短，覆盖距离一般在 10~200m；无线发射器的发射功率较低，发射功率一般小于 100MW；工作频率多为免付费、免申请的全球通用的工业、科学、医学（Industrial，Scientificand，Medical，ISM）频段。

短距离无线通信从数据速率角度可分为高速短距离无线通信和低速短距离无线通信两类。高速：最高数据速率高于 100 Mb/s，通信距离小于 10 m。典型技术有高速 UWB 和 60 GHz 通信（简称 60Hz）。低速：最低数据速率低于 1 Mb/s，通信距离低于 100 m。典型技术有 ZigBee、低速 UWB 和蓝牙。

常见的短距离无线通信的速率等级为：ZigBee：250kb/s；Bluetooth：1Mb/s；UWB：500Mb/s；60GHz：1000Mb/s。

常见的两种短距离无线通信的应用场合：ZigBee 和蓝牙技术可以用来实现智能家居。UWB 和 60GHz 通信技术可以在 10m 的范围内传输无压缩的高清视频数据。值得指出的是，不要混淆短距离无线通信与近场通信的概念。近场通信（Near Field Communication，NFC）又称为近距离无线通信，是一种短距离的高频无线通信技术，允许电子设备之间进行非接触式点对点数据传输（在 10 cm 以内）交换数据。

NFC 技术由免接触式射频识别（RFID）演变而来，并向下兼容 RFID，最早由 Sony 和 Philips 公司各自开发成功，主要用于手机等手持设备中提供 M2M 的通信。由于近场通信距离短，因此具有天然的安全性，因此，NFC 技术被认为在手机支付等领域具有很大的应用前景。

与传统的短距通信相比，NFC 技术具有天然的安全性以及建立连接的快速性，而另一端为无源的被动设备，如银行卡、门禁卡等智能卡，其通信距离小于 10cm。在主动—主动模式下，即通信两端都为带电源的主动设备，其通信距离也仅为 20cm。

第三节 ZigBee 技术

一、ZigBee 技术的来源与优势

ZigBee 技术的名字来源于蜂群使用的赖以生存和发展的通信方式。这一名称来源于蜜蜂的"8"字舞，蜜蜂（Bee）靠飞翔和"嗡嗡（Zig）"地抖动翅膀

的"舞蹈"来与同伴传递花粉所在方位信息，也就是说，蜜蜂依靠这样的方式构成了群体中的通信网络。ZigBee 技术在中国被译为"紫蜂"技术。

ZigBee 技术是基于 IEEE802.15.4 标准研制开发的。IEEE802.15.4 标准仅仅定义了物理层和 MAC 层（低两层协议），并不足以保证不同的设备之间可以对话，于是便有了 ZigBee 协议（高两层协议：网络层和应用层）。

2002 年 ZigBee 联盟成立；Zigbee 协议在 2003 年正式问世；2004 年 ZigBeeV1.0 诞生；2006 年 ZigBee2006 被推出，比较完善；2007 年年底 ZigBeePRO 被推出。

ZigBee 技术具有以下优势：

（1）低功耗。ZigBee 技术主要通过降低传输的数据量、降低收发信机的忙闲比及数据传输的频率、降低帧开销以及实行严格的功率管理机制来降低设备的功耗。

在低耗电待机模式下，2 节 5 号干电池可支持 1 个节点工作 6~24 个月，甚至更长。这是 ZigBee 技术的突出优势。相比较而言，蓝牙能工作数周、Wi-Fi 可工作数小时。

（2）工作可靠。ZigBee 的 MAC（Media Access Control，介质访问控制）层采用了载波侦听多址访问 / 冲突避免（CSMA/CA，Carrier Sense Multiple Access/Collision Avoidance）的信道接入方式和完全握手协议。MAC 层采用了回复确认的数据传输机制，提高了可靠性。以太网 MAC 层采用载波侦听多址访问 / 冲突探测协议（CSMA/CD，Carrier Sense Multiple Access/Collision Detect）。由于无线产品的适配器不易检测信道是否存在冲突，因此 IEEE802.11 全新定义了一种新的协议，即载波侦听多址访问 / 冲突避免 CSMA/CA，IEEE802.15.4 也采用了该协议。

（3）成本低。通过大幅简化协议（不到蓝牙的 1/10），降低了对通信控制器的要求。主机芯片成本低，其他终端成本低。每块芯片的价格大约为 2 美元，蓝牙一般为 4~6 美元，而且 ZigBee 免协议专利费。

（4）网络容量大。由一个主节点管理若干子节点，最多一个主节点可管理 254 个子节点。同时主节点还可由上一层网络节点管理，每个 ZigBee 网络最多可支持 65000 个节点。相比而言，对蓝牙来说，每个网络仅支持 8 个节点。

（5）有效范围大。设备之间直接通信范围一般介于 10~100 m 之间，在增加 RF 发射功率后，亦可增加到 1~3 km。这里指的是相邻节点间的距离。

ZigBee 网络可多级拓展，如果通过路由和节点间通信的接力，传输距离将可以更远。RF 是 Radio Frequency（射频）的缩写，表示可以辐射到空间的电磁频率，频率范围为 300KHz~30GHz。

（6）时延短。对时延敏感的应用作了优化。ZigBee 的响应速度较快，一般从睡眠转入工作状态只需 15ms，节点连接进入网络只需 30ms，进一步节省了电能。相比而言，蓝牙需要 3~10s、Wi-Fi 需要 3s。

（7）优良的拓扑能力。ZigBee 具有组成星形、网状和簇树形网络结构的能力，它还具有无线网络自愈能力。

（8）安全性较好。ZigBee 提供了数据完整性检查和鉴权能力，加密算法采用通用的 AES-128。ZigBee 提供了三级安全模式，一是无安全设定，二是使用访问控制列表（ACL）防止非法获取数据，三是采用高级加密标准（AES128）的对称密码。

（9）工作频段灵活。ZigBee 使用的频段分别为 2.4 GHz（全球）、868 MHz（欧洲）及 915MHz（美国），均为免执照 ISM 频段（Unlicensed ISM Band）。

二、ZigBee 技术的协议架构

（一）ZigBee 技术的网络组成和网络拓扑

利用 ZigBee 技术组成的无线个人局域网（Wireless Personal Area Network，WPAN）是一种低速率的无线个人区域网（LR-WPAN，LowRate-WPAN）。LR-WPAN 网络结构简单、成本低廉，具有有限的功率和灵活的吞吐量。在一个 LR-WPAN 网络中，可同时存在以下两种不同类型的设备：全功能设备（Full Functional Device，FFD）和精简功能设备（Reduced Function Device，RFD）。IEEE802.15.4 无线网络协议中定义了两种设备类型：全功能设备（FFD）和精简功能设备（RFD）。FFD 可以执行 IEEE802.15.4 标准中的所有功能，并且可以在网络中扮演任何角色，反过来讲，RFD 就有功能限制。例如，FFD 能与网络中的任何设备通信（一个 FFD 可以同时和多个 RFD 或多个其他的 FFD 通信），而 RFD 就只能和 FFD 通信。RFD 设备的用途是做一些简单功能的应用，如做个开关之类的。而其功耗与内存大小都比 FFD 在 Zigbee 网络中，节点分为三种角色：协调器（Coordinator）、路由器（Router）和终端节点（End-device）。其中 Zigbee 协调器为协调节点，每个 Zigbee 网络有且只能有一个，其主要作用是初始化网络。它是三种设备中最复杂的，存储容量大、计算能力最强的。主要用于发送网络信标、建立一个网络、管理网络节点、存储网络节点信息、寻找一对节点间的路由信息并且不断地接收信息。一旦网络建立完成，这个协调器的作用就像路由节点一样。

Zigbee 路由器为路由节点，它的作用是提供路由信息，能够将消息转发到其他设备。通常，路由器在全部时间下处在活动状态，因此为主供电。但是在簇树形拓扑结构中，允许路由器操作周期运行，因此这个情况下允许路由器电池供电。

Zigbee 终端节点（RFD 设备为终端节点）没有路由功能，完成的是整个网络的终端任务。一个终端设备对于维护这个网络没有具体的责任，由于它可以自己选择睡眠和唤醒，因此它能作为电池供电节点。

RFD 只能扮演终端节点的角色。FFD 可以扮演任何一个角色，即 FFD 通常有三种状态：作为一个主协调器；作为一个普通协调器（路由器）；作为一个终端设备。

ZigBee 技术支持三种拓扑结构：星形（Star）、网状（Mesh）和簇树形（Cluster Tree）结构。网状和簇树形拓扑结构也称为对等的网络拓扑结构。

在星形拓扑结构中，整个网络由一个网络协调器来控制，网络构成包括一个网络协调器和多个终端设备（理论上最多有 65536 个），ZigBee 技术的星形拓扑网络不支持 ZigBee 路由器。整个网络中的网络协调器是被称为 PAN（个域网）主协调器的中央控制器。ZigBee 技术的星形拓扑结构通常在家庭自动化、PC 外围设备、玩具、游戏以及个人健康检查等方面得到应用。在网状和簇树形拓扑结构中，ZigBee 协调器负责启动网络以及选择关键的网络参数，支持 ZigBee 路由器，并且每一个设备都可以与在无线通信范围内的其他任何设备进行通信，即支持路由信息从任何源设备转发到任何目的设备。在对等的网络拓扑结构中，同样也存在一个 PAN 主协调器，但该网络不同于星形拓扑网络结构，在该网络中的任何一个设备只要是在它的通信范围内，就可以和其他设备进行通信。对等拓扑网络结构能够构成较为复杂的网络结构，如网状拓扑网络结构，这种对等拓扑网络结构在工业监测和控制、无线传感器网络、供应物资跟踪、农业智能化以及安全监控等方面都有广泛的应用。一个对等网络的路由协议可以是基于 Adhoc 网络（它是指没有预先计划或按层次较低的计划由一些网络设备组建在一起的临时网络）技术的，也可以是自组织式的和自恢复的，并且，在网络中各个设备之间发送消息时，可通过多个中间设备中继的方式进行传输，即通常称为多跳的传输方式，以增大网络的覆盖范围。其中，组网的路由协议在 ZigBee 的网络层中没有给出，这样为用户的使用提供了更为灵活的组网方式。簇树形拓扑结构是对等网络拓扑结构的一种应用形式，在对等拓扑网络结构中的设备可以为全功能设备，也可以为精简功能设备。而在簇树中的大部分设备为 FFD，RFD 只能作为树枝末尾处的叶节点上，这主要是由于 RFD 一次只能连接一个 FFD。任何一个 FFD 都可以作为主协调器，并且，为其他设备或主设备提供同步服务。在整个 PAN 中，只要该设备相对 PAN 中其他设备具有更多计算资源，如具有更快的计算能力、更大的存储空间以及更多的供电能力等，这样的设备都可以成为该 PAN 的主协调器，通常称该设备为 PAN 主协调器。

在建立一个 PAN 时，首先，PAN 主协调器将自身设置成一个簇标识符（CID）为 0 的簇头（CLH），选择一个没有使用的 PAN 标识符，并向邻近的其他设备以广播的形式发送信标帧，从而形成第一簇网络。然后，接收到信标帧的候选设备可以在簇头中请求加入该网络，如果 PAN 主协调器允许该设备加入，那么主协调器会将该设备作为子节点加到它的邻近列表中，同时，请求加入的设备将 PAN 主协调器作为它的父节点加到邻近列表中，成为该网络中的一个从设备。同样，其他的所有候选设备都按照同样的方式，可请求加入到该网络中，作为网络的从设备。如果原始的候选设备不能加入该网络中，那么它将寻找其他的父节点。

在簇树形网络中，最简单的网络结构是只有一个簇的网络，但是多数网络结构由多个相邻的网络构成。当第一簇网络满足预定的应用或网络需求时，PAN 主协调器将会指定一个从设备为另一簇网络的簇头，使得该从设备成为另一个 PAN 的主协调器，随后其他的从设备将逐个加入，并形成一个多簇网络。

（二）ZigBee 技术的协议架构

ZigBee 技术的协议架构是在 IEEE802.15.4 标准的基础上建立的，IEEE802.15.4 标准定义了 ZigBee 协议架构的 MAC（Media Access Control，介质访问控制）层和物理层。ZigBee 设备应该包括 IEEE 802.15.4 标准（该标准定义了 RF 射频以及与相邻设备之间的通信）的物理层、MAC 层以及 ZigBee 上层协议（即网络层、应用层和安全服务提供层）。ZigBee 技术的协议架构采用了 IEEE 802.15.4 标准制定的物理层和 MAC 层作为 ZigBee 技术的物理层和 MAC 层。

三、ZigBee 技术在物联网中的应用

ZigBee 技术应用领域主要包括：

家庭和楼宇网络: 空调系统的温度控制、照明的自动控制、窗帘的自动控制、煤气计量控制、家用电器的远程控制等。

工业控制：各种监控器、传感器的自动化控制。

商业控制：智慧型标签等。

公共场所：烟雾探测器等。

农业控制：收集各种土壤信息和气候信息。

医疗：老人与行动不便者的紧急呼叫器和医疗传感器等。

（一）家庭自动化

ZigBee技术在家庭自动化中的应用，通过对电视、空调、电话机、电饭煲等装载ZigBee模块，用户可以通过家庭网关与电信网结合，远程对其进行无线控制，在下班前远程控制家中的空调调节室温到设定温度，电饭煲开始煮饭；也可以在家中对其无线控制，比如电话铃响起或拿起话机准备打电话时，电视机自动静音。

（二）无线定位

ZigBee网络在隧道工程、工地人员定位、安全监控、地表位移监测、地表沉降、应力应变监测、地质超前预报等方面体现了强大的物联网技术创新能力。

2010年，赫立讯（Helicomm）科技（北京）有限公司历时8年自主研发的ZigBee无线定位系统，已成功应用在北京地铁4号线大兴线隧道工程项目中。

在北京地铁4号线大兴线隧道工程项目的"地铁隧道工程安全预警系统"中共有安全基站21个和50张ZigBee人员识别卡，负责工地人员定位、安全监控、地表位移检测、地表沉降等功能，为工程和人员提供安全保障。

ZigBee技术在无线定位中的应用可以看出，无线定位系统由三部分组成。

1.移动目标节点。它配备在人员身上，装有ZigBee模块，是既有身份识别又有感测功能的移动装备。

2.由参考节点（基站）构成的ZigBee无线定位节点网络。定位节点网络中的参考节点接收目标节点信息，以无线方式或辅助其他方式发送到中心控制器进行处理。

3.中心控制器。采用定位算法对人员进行定位。无线定位系统中的IP-Link5500M系列基站（参考节点）与IP-Link5100系列识别卡（移动目标节点）一起用于矿井（或地铁隧道）人员的考勤与定位。

基站主要技术指标如下：

（1）考勤能力：同时检测不少于100个识别卡。

（2）通信距离：10~100m 之间可调。

（3）数据传输速度：250Kb/s。

（4）使用频段：2.4GHz。

（5）发射功率：0dBm（1mW）。

（6）接收灵敏度：−87~−92dBm。

（三）远程抄表

基于 ZigBee 技术的远程抄表系统结合了 WPAN 和移动通信网。对 ZigBee 网络而言，采用网状网络结构，保证数据传输的可靠性。每幢单元楼设置一个 ZigBee 远端节点，一个小区设置一个 ZigBee 中心节点。ZigBee 中心节点数据通过 GPRS/CDMA 上传到集抄中心。

第四节　蓝牙（Bluetooth）技术

一、蓝牙技术的来源与特点

爱立信、IBM、Intel、Nokia 和东芝五家公司于 1998 年 5 月联合成立了蓝牙（Bluetooth）特别兴趣小组（Special Interest Group，SIG），并制定了短距离无线通信技术标准——蓝牙技术。

"蓝牙"这个名称来自于 10 世纪的一位丹麦国王 Harald Blatand，Blatand 在英文中的意思可以被解释为 Bluetooth（蓝牙），因为这位国王喜欢吃蓝莓，牙龈每天都是蓝色的，因此被称为蓝牙国王（名为 Harald Bluetooth）。蓝牙国王将现在的挪威、瑞典和丹麦统一起来，他口齿伶俐，善于交际，就如同这项技术，将被定义为允许不同工业领域之间的协调工作，保持着各个系统领域之间的良好交流，如计算机、手机和汽车行业之间的工作。因此用蓝牙给该项技术命名，包含有统一起来的意思。

蓝牙标志的设计取自 Harald Bluetooth 名字中的"H"和"B"两个字母，用古北欧字母来表示，将这两者结合起来，就成了蓝牙的 Logo。

所谓蓝牙技术，实际上是一种短距离无线技术。蓝牙技术利用短距离、低成本的无线连接替代了电缆连接，从而为现存的数据网络和小型的外围设备提供了统一的连接。如通过蓝牙耳机无线连接蓝牙手机拨打和接听电话。

Bluetooth SIG 五家厂商的早期分工如下：芯片霸主 Intel 公司负责半导体芯片和传输软件的开发。Nokia 和爱立信负责无线射频和移动电话软件的开发。IBM 和东芝负责笔记本电脑接口规格的开发。2006 年 10 月 13 日，Bluetooth SIG（蓝牙技术联盟）宣布联想公司取代 IBM 在该组织中的创始成员位置，并立即生效。通过成为创始成员，联想将与其他业界领导厂商一样拥有蓝牙技术联盟董事会中的一席，并积极推动蓝牙标准的发展。除了创始成员以外，Bluetooth SIG 还包括 200 多家联盟成员公司以及约 6000 家应用成员企业。

2001 年蓝牙技术联盟发布的蓝牙 1.1 版正式列入 IEEE 标准，蓝牙 1.1 即为 IEEE802.15.1。2004 年 11 月 9 日蓝牙技术联盟发布蓝牙 2.0+EDR 版，蓝牙 2.0 将传输率提升至 2Mb/s、3Mb/s，远大于 1.x 版的 1Mb/s（实际约为 723.2kb/s）。

2009 年 4 月 21 日蓝牙技术联盟发布蓝牙 3.0 + HS 版。蓝牙 3.0 的数据传输率提高到了大约 24 Mb/s（即可在需要的时候调用 802.11Wi-Fi 用于实现高速数据传输），是蓝牙 2.0 的八倍。

2010 年 7 月，蓝牙技术联盟宣布正式采纳蓝牙 4.0 核心规范，并启动对应的认证计划。蓝牙 4.0 的标志性特色是 2009 年年底宣布的低功耗蓝牙无线技术规范。蓝牙 4.0 最重要的特性是省电，其极低的运行和待机功耗可以使一粒纽扣电池连续工作数年之久。此外，其低成本和跨厂商互操作性、3 ms 低延迟、100 m 以上超长距离、AES-128 加密等诸多特色，可以用于计步器、心律监视器、智能仪表、传感器物联网等众多领域，大大扩展了蓝牙技术的应用范围。蓝牙 4.0 依旧向下兼容，包含经典蓝牙技术规范和最高速度 24Mb/s 的蓝牙高速技术规范。

2015 年以后，蓝牙 4.0 已经走向了商用，在苹果的 New iPad 和 iPhone 4S 上都已应用了蓝牙 4.0 技术。蓝牙技术的主要特点如下：

1.拓扑结构。蓝牙技术支持点对点或点对多点的话音、数据业务，采用一种灵活的无基站的组网方式。具体而言，其拓扑结构分为以下三种：

（1）.点对点模式：两个蓝牙设备直接通信。

（2）.Piconet（微微网）模式：共享相同信道。8 个蓝牙设备可在小型网络内通信。首先提出通信要求的设备称为主设备（Master），被动进行通信的设备称为从设备（Slave）。主设备的时钟和跳频序列用于同步其他设备。一个

Master 最多可以同时与 7 个 Slave 进行通信。一个 Master 和一个以上的 Slave 构成的网络称为主从网络（Piconet）。

（3）. Scatternet（散射网）模式：若两个以上的 Piconet 之间存在着设备间的通信，则构成了 Scatternet。多达 256 个 Piconet 可连接成更大的网络（散射网）。标准只定义了 Scatternet 的概念，并没有给出构造 Scatternet 的机制。

2. 系统组成。蓝牙系统一般由天线单元、蓝牙模块和蓝牙软件（协议和应用）三个功能模块组成。天线部分体积小巧，属于微带天线。空中接口是建立在天线电平为 0dBm 基础上的，遵从 FCC（美国联邦通信委员会）有关 0dBm 电平的 ISM 频段的标准。当采用扩频技术时，其发射功率可增加到 100 MW。频谱扩展功能是通过起始频率为 2.402 GHz、终止频率为 2.480GHz、间隔为 1MHz 的 79 个跳频频点来实现的。其最大的跳频速率为 1600 跳 / 秒。系统设计通信距离为 0.1~10m，如增大发射功率，其距离可长达 100m。蓝牙模块包括基带单元（CPU、Flash、Memory）以及无线电收发器（射频传输 / 接收器）。蓝牙软件（协议和应用）模块提供的服务有发送和接收数据、请求名称、链路地址查询、建立连接、鉴权、链路模式协商和建立、决定帧的类型等。蓝牙协议标准包括 Core 规范和 Profiles 规范两大部分。Core 规范是蓝牙的核心，主要定义蓝牙的技术细节；Profiles 规范定义了在蓝牙的各种应用中的协议栈组成，并定义了相应的实现协议栈。

3. 射频特性。蓝牙设备的工作频段选在全球通用的 2.4 GHz 的 ISM（工业、科学、医学）频段。其频道为 23 个或 79 个，频道间隔均为 1MHz，采用时分双工方式。蓝牙的无线发射机采用 FM 调制方式，从而能降低设备的复杂性。其最大发射功率分为三个等级: 100MW（20dBm）、2.5MW（4dBm）、1MW（0dBm），蓝牙设备之间的有效通信距离为（10~100）m。

4. 跳频技术。跳频（Frequency Hopping Spread Spectrum，FHSS）是指在接收或发送一份组数据后，即跳至另一频点。与直序扩频技术（Direct Sequence Spread Spectrum，DSSS）完全不同，它是另外一种意义上的扩频。跳频技术是目前国内及国际上比较成熟的一种技术。主要用于军用通信，它可以有效地避开干扰，发挥通信效能。

扩频的基本方法有直接序列（DS）、跳频（FH）、跳时（TH）和线性调频（Chirp）四种，目前人们所熟知的手机标准 CDMA 就是直接序列扩频技术的一个应用。而跳频、跳时等技术则主要应用于军事领域，以避免己方通信信号被敌方截获或者干扰。

5. TDMA结构。蓝牙的数据传输率为 1 Mb/s，采用数据包的形式按时隙传送，每个时隙为 0.625 μs。蓝牙系统支持实时的同步定向连接和非实时的异步不定向连接，分别为 SCO（Synchronous Connection Oriented）链路和 ACL（Asynchronous Conne ctionless Link）链路。前者主要传送话音等实时性强的信息，后者则以数据为主。

6. 软件的层次结构。底层 Core 规范为各类应用所通用，高层 Profiles 规范则视具体应用而有所不同。

7. 纠错技术。蓝牙系统的纠错机制分为前向纠错编码（FEC）和包重发（ARQ），支持 1/3 率（3 位重复编码）和 2/3 率（汉明码）FEC 编码。

8. 编码安全。蓝牙技术在物理层、链路层、业务层三个层次上提供安全措施，充分保证通信的保密性。

二、蓝牙技术的应用及产品

蓝牙技术联盟定义了几种基本的应用模型，主要包括文件传输、Internet 网桥、局域网接入、同步、三合一电话（Three-in-onePhone）和终端耳机等。

所谓三合一电话，是指一部手机在不同的应用环境下，能作为不同的功能实体，既可以作为普通的蜂窝移动电话，也可以作为有固定电话网中的无绳电话，还可以作为无电话费用的内部通话设备。

在实际生活中，蓝牙技术的应用也是十分广泛的，涉及居家、工作、娱乐等方面。全球大约有 80% 以上的手机都使用了蓝牙技术，其中将近 100% 的智能手机都已经使用了蓝牙技术。

（一）使用蓝牙在手机之间点对点通信

可以使用蓝牙在手机之间传输图片等文件。手机中的蓝牙功能通常在默认状态是不启动的，使用前需要先启动蓝牙，然后搜索其他蓝牙设备，若对方的手机启动了蓝牙，就可以看到对方手机的图标和设定的手机名称。选中手机中的蓝牙图标，点击"连接"菜单，两者之间开始通信，需要输入密码（或称为 PIN 码），在两个手机中都输入默认的"000000"（可选其他字母数字串，但两个手机中的密码应一致），建立连接，这时图标之间出现一条断续的连接线，表明蓝牙连接建立，就可以收发文件了。

收发文件：选中要发送的图片，选择"发送通过"菜单，选择通过蓝牙发送，会显示发送进程条，对方手机屏幕显示"有文件需要接收，是否确认"要选择确认，同意接受文件即可。不过需要注意的是，不要总是保持启动蓝牙的状态，避免接收有病毒的文件而损害手机。

（二）蓝牙打印机

一个人临时在某个办公室使用笔记本电脑，可以用办公室内支持蓝牙技术的打印机打印，不需要登录网络，也不必在设备上安装软件。打印机和笔记本电脑通过电子方式识别对方并立即开始交换信息。

（三）蓝牙产品

市面上的蓝牙产品主要包括蓝牙耳机、蓝牙适配器、车载蓝牙多媒体系统、车载蓝牙电话、蓝牙键盘和鼠标、蓝牙网关、蓝牙无线条码扫描枪等。我们可以利用蓝牙技术来连接其他的无线设备、下载照片、进行多人游戏，甚至可以进行自动存 / 取款、订票。这为我们的生活带来极大的便利，使得物与物联网的概念成为现实。

第五节　超宽带（UWB）技术

一、超宽带技术的优势及发展

（一）传统的无线传输技术的缺点和超宽带技术的优势

传统的无线传输技术一般都是带宽受限的，系统带宽通常在 20 MHz 以下，可用频谱资源有限和信道的多径衰落特征是限制传输速率的主要"瓶颈"。因此，超宽带（Ultra Wide Band，UWB）技术应运而生。

1. 超宽带技术。采用 500MHz 至几赫兹的带宽进行高速数据传输。在 10m 距离内提供高达 100Mb/s 以上，甚至 1Gb/s 的传输速率。同时与现有窄带无线系统很好地共存。

2. 超宽带技术的发展。超宽带技术的发展有以下几个阶段：

（1）20 世纪 60 年代，出现了主要用于军事目的的高功率雷达和保密通信，当时称为"脉冲无线电"技术。

（2）1989年，美国国防部提出"超宽带"这一术语。

（3）2002年2月，FCC（美国联邦通信委员会）批准将该技术应用于民用系统，并划分了免授权使用频段。

3. 超宽带信号美国国防部定义：若一个信号在20dB处的绝对带宽大于1.5 GHz或相对带宽大于25%，则这个信号就是超宽带信号。

FCC规定UWB信号为绝对带宽大于500 MHz或相对带宽大于20%的无线电信号。这里涉及两个概念，即绝对带宽（Absolute Bandwidth）和相对带宽（Fractional Bandwidth）。信号带宽是指信号的能量或功率的主要部分集中的频率范围。

绝对带宽是指信号功率谱最大值两侧某滚降点对应的上截止频率与下截止频率之差。

在物理学中，信号通常是波的形式，如电磁波、随机振动或者声波。当波的频谱密度乘以一个适当的系数后将得到每单位频率波携带的功率，这被称为信号的功率谱密度（Power Spectral Density，PSD）或者谱功率分布（Spectral Power Distribution，SPD）。功率谱密度的单位通常用每赫兹的瓦特数（W/Hz）表示，或者使用波长而不是频率，即每纳米的瓦特数（W/nm）来表示。dBm与瓦特数有一一对应关系，所以功率谱密度的单位也可以用每赫兹的dBm数（dBm/Hz）表示。

相对带宽是指绝对带宽与中心频率之比。由于超宽带系统经常采用无正弦载波调制的窄脉冲信号承载信息，中心频率并非通常意义上的载波频率，而是上、下截止频率的均值。

概念比较：从频域来看，超宽带（UWB）有别于传统的窄带和宽带，它的频带更宽。窄带是指相对带宽（信号带宽与中心频率之比）小于1%；相对带宽在1%~20%之间的被称为宽带；相对带宽大于20%，而且绝对带宽大于500MHz的信号被称为超宽带。

二、超宽带技术的特点与应用

根据FCCPart15规定，可以看出UWB通信系统具有以下特征：

第一，超宽带信号的带宽：UWB系统可使用的免授权频段为3.1~10.6 GHz，共7.5 GHz的带宽。

第二，极低的发射功率谱密度：为保证现有系统（如GPS系统、移动蜂窝系统等）不被UWB系统干扰，FCC规定UWB系统的辐射信号最高功率谱密度必须低于美国放射噪声的规定值 –41.3 dBm/MHz。就其他通信系统而言，UWB 信号所产生的干扰仅相当于一个宽带白噪声。基于以上两个特征，进一步具体分析 UWB 通信系统的技术特点如下：

1. 传输速率高。UWB 系统使用高达 0.5GHz~7.5 GHz 的带宽，根据香农信道容量公式，即使发射功率很低，也可以在短距离上实现高达几百兆至 1Gb/s 的传输速率。在计算机网络中，带宽通常指最大信息传输速率（信道容量），因此我们常有以太网的带宽是 100Mb/s、1000Mb/s 等说法。其实，在通信领域，带宽是频率范围，其单位是赫兹。两者之所以混用，正是因为香农公式给出了在一定信噪比下最大信息传输速率与信号带宽之间成正比的对应关系。

2. 通信距离短。随着传输距离的增加，高频信号衰落更快，这导致 UWB 信号产生了严重的失真。研究表明：（1）当收发信机之间距离小于 10m 时，UWB 系统的信道容量高于传统的窄带系统。（2）当收发信机之间距离超过 12m 时，UWB 系统在信道容量上的优势将不复存在。

3. 系统共存性好，通信保密度高。从香农公式中还可以推论出：在信道容量 C 不变的情况下，带宽 B 和信噪比 S/N 是可以互换的。也就是说，从理论上完全有可能在恶劣环境（噪声和干扰导致极低的信噪比）时，采用提高信号带宽 B 的方法来维持或提高通信的性能，甚至于可以使信号的功率低于噪声基底。简言之，就是可以用扩频方法以宽带传输信息来换取信噪比上的好处，这就是扩频通信的基本思想和理论依据。UWB 系统具有极低的功率谱密度（上限仅为 –41.3 dBm/MHz），信号谱密度低至背景噪声电平以下，UWB 信号对同频带内工作的窄带系统的干扰可以看成是宽带白噪声，因此与传统的窄带系统有着良好的共存性。这对于提高无线频谱资源的利用率，缓解日益紧张的无线频谱资源大有好处。所以说，UWB 系统具有很强的隐蔽性，不易被截获，保密性高。

4. 定位精度极高，抗多径能力强。UWB 系统脉冲宽度一般在亚纳秒级，一般在 0.20~1.5ns 之间。具有很强的穿透力、高精度测距和定位能力。

UWB 系统抗多径能力强。由于 UWB 技术采用持续时间极短的窄脉冲，经多径反射的延时信号与直达信号在时间上可以分离（不会造成多径分量交叠），接收机通过分集可以获得很强的抗多径衰落能力，同时在进行测距、定位、跟踪时也能达到更高的精度。

5. 体积小、功耗低。传统的 UWB 技术无须正弦载波，收发信机不需要复杂的载频调制解调电路和滤波器等。因此，可以大大降低系统复杂度，减小收发信机体积和功耗，系统结构实现简单，适合于便携型无线应用。在高速通信时，系统的耗电量仅为几百微瓦至几十毫瓦。民用 UWB 设备功率一般是传统移动电话所需功率的 1/100 左右，是蓝牙设备所需功率 1/20 左右。由于 UWB 系统利用了一个相当宽的带宽，就好像使用了整个频谱，并且它能够与其他应用共存，因此 UWB 技术可以应用在很多领域，如无线个域网、智能交通系统、无线传感器网络、射频标识、成像应用。UWB 技术的应用范围包括但不限于以下几种：

（1）UWB 技术在个域网中的应用。UWB 技术可以在限定的范围内（如 4m）以很高的数据速率（如 480Mb/s）、很低的功率（如 200μW）传输信息，这比蓝牙好很多。蓝牙的数据速率是 1Mb/s，功率是 1mW。UWB 技术能够提供快速的无线外设访问来传输照片、文件、视频，因此 UWB 技术特别适合于个域网。通过 UWB 技术，可以在家里和办公室里方便地以无线的方式将视频摄像机中的内容下载到 PC 中进行编辑，然后送到 TV 中浏览，轻松地以无线的方式实现个人数字助理（PDA）、手机与 PC 数据同步、装载游戏和音频/视频文件到 PDA、音频文件在 MP3 播放器与多媒体 PC 之间传送等。

（2）UWB 技术在智能交通信息中的应用。利用 UWB 技术的定位和搜索能力，可以制造防撞和防障碍物的雷达。装载了这种雷达的汽车会非常容易驾驶，当汽车的前方、后方、旁边有障碍物时，该雷达会提醒司机。在停车的时候，这种基于 UWB 技术的雷达是司机强有力的助手。

利用 UWB 技术还可以建立智能交通管理系统，这种系统由若干个站台装置和一些车载装置组成无线通信网，两种装置之间通过 UWB 技术进行通信完成各种功能。例如，实现不停车的自动收费、汽车方的随时定位测量、道路信息和行驶建议的随时获取、站台方对移动汽车的定位搜索和速度测量等。

（3）传感器联网。利用 UWB 低成本、低功耗的特点，可以将 UWB 技术用于无线传感器网络。在大多数应用中，传感器被用在特定的局域场所。传感器通过无线的方式而不是有线的方式传输数据将特别方便。作为无线传感器网络的通信技术，它必须是低成本的；同时它应该是低功耗的，以免频繁地更换电池。UWB 技术是无线传感器网络通信技术的合适候选者。

（4）成像应用。由于 UWB 技术具有很好的穿透墙、楼层的能力，因此其可以应用于成像系统。利用 UWB 技术，可以制造穿墙雷达、穿地雷达。穿墙雷达可以用在战场上和警察的防暴行动中，定位墙后和角落的敌人；地面穿透雷达可以用来探测矿产，在地震或其他灾难后搜寻幸存者。基于 UWB 技术的成像系统也可以用于避免使用 X 射线的医学系统。9.5.3 超宽带技术的两大技术标准在 2002 年 FCC 规定了 UWB 通信的频谱使用范围和功率限制后，全球各大消费电子类公司及其研究人员从传统窄带无线通信的角度出发，提出了有别于无载波脉冲方案的载波调制超宽带方案。

UWB 系统的完整架构最下层为物理层和 MAC 层，在其上为汇聚层，汇聚层的上面就是应用层的无线 USB、无线 1394 和其他的应用环境。应用层的基础是 PAL 协议适应层（Protocol Adaption Layer）。而本文下面提到的 MB-OFDM（Multiband-OFDM）和 DS-CDMA（Direct Sequence-CDMA）均属于物理层和 MAC 层的技术方案。

MBOA 是多频带 OFDM 联盟的缩写（Multib and OFDMAlliance），DS-UWB 组建的联盟是 UWB 论坛（UWB Forum）。

计算机接口 IEEE1394，俗称火线接口，主要用于视频的采集，在 INTEL 高端主板与数码摄像机（DV）上可见。IEEE1394 是由苹果公司领导的开发联盟开发的一种高速度传送接口，数据传输率一般为 800 Mb/s。火线（Fire Wire）是苹果公司的商标。索尼公司的产品的这种接口被称为 iLink。

IEEE1394 的原来设计，是以其高速传输率，容许用户在电脑上直接透过 IEEE1394 接口来编辑电子影像档案，以节省硬盘空间。在未有 IEEE1394 以前，编辑电子影像必须利用特殊硬件，把影片下载到硬盘上进行编辑。但随着硬盘价格越来越低，加上 USB2.0 开发便宜，速度也不太慢，从而取代了 IEEE1394，成为外接电脑硬盘及其他周边装置的最常用接口。

数字生活网络联盟（Digital Living Network Alliance，DLNA）由索尼、英特尔、微软等公司发起成立，旨在解决包括个人 PC、消费电器、移动设备在内的无线网络和有线网络的互联互通，使得数字媒体和内容服务的无限制的共享和增长成为可能，目前成员公司已达 280 多家。DLNA 并不是创造技术，而是形成一种解决的方案，一种大家可以遵守的规范。所以，其选择的各种技术和协议都是目前应用很广泛的技术和协议。

UPnP 的全称是 Universal Plugand Play（通用即插即用）。UPnP 规范是基于 TCP/IP 协议和针对设备彼此间通信而制定的新的 Internet 协议。实际上，UPnP 可以和任何网络媒体技术（有线或无线）协同使用。举例来说，这包括：5 类以太网电缆、Wi-Fi 或 802.11b 无线网络、IEEE1394（"火线"）、电话线网络或电源线网络。当这些设备与 PC 互连时，用户即可充分利用各种具有创新性的服务和应用程序。

UPnP 并不是周边设备即插即用模型的简单扩展。在设计上，它支持零设置、网络连接过程"不可见"和自动查找众多供应商提供的多如繁星的设备的类型。换言之，一个 UPnP 设备能够自动跟一个网络连接上，并自动获得一个 IP 地址、传送出自己的权能并获悉其他已经连接上的设备及其权能。最后，此设备能自动顺利地切断网络连接，并且不会引起意想不到的问题。

2003 年，在 IEEE802.15.3a 工作组征集提案时，Intel、TI 和 XtremeSpectrum 分别提出了多频带（Multiband）、正交频分复用（Orthogonal Frequency Division Multiplexing，OFDM）和直接序列码分多址（DS-CDMA）三种方案，后来多频带方案与正交频分复用方案融合，从而形成了多频带 OFDM（MB-OFDM）和 DS-CDMA 两大方案。下面分别对这两种方案进行介绍。

MB-OFDM 和 DS-CDMA 方案的技术特征：MB-OFDM 的核心是把频段分成多个 528 MHz 的子频带，每个子频带采用 TFI-OFDM（时频交织—正交频分复用）方式，数据在每个子带上传输。传统意义上的 UWB 系统使用的是周期不足 1 ns 的脉冲，而 MB-OFDM 通过多个子带来实现带宽的动态分配，增加了符号的时间。长符号时间的好处是抗 ISI（符号间干扰）能力较强。但是这种性能的提高是以收发设备的复杂性为代价的。另外，由于 OFDM 技术能使微弱信号具有近乎完美的能量捕获，因此它的通信距离也会较远。

DS-CDMA 最早是由 XtremeSpectrum 公司提出的。它采用低频段（3.1~5.15 GHz）、高频段（5.825~10.6 GHz）和双频带（3.1~5.15 GHz 和 5.825~10.6 GHz）三种操作方式。低频段方式提供 28.5M~400 Mb/s 的传输速率，高频段方式提供 57M~800 Mb/s 的传输速率。DS-CDMA 在每个超过 1 GHz 的频带内用极短时间脉冲传输数据，采用 24 个码片的 DSSS（直接序列扩频）实现编码增益，纠错方式采用 RS 码和卷积码。

UWB 标准化现状：从以上两种技术方案提出之日起，IEEE802.15.3a 工作组中就一直不能达成一致。从技术上讲，MB-OFDM 和 DS-CDMA 是无法彼此妥协的，DS-UWB 曾提出一个通用信令模式，希望与 MB-OFDM 兼容，但被 MB-OFDM 拒绝。经过三年没有结论的争辩竞争，IEEE802.15.3a 工作组宣布放弃对 UWB 标准的制定，工作组随即解散。

IEEE802.15.3a 工作组解散后，MB-OFDM 的支持者 WiMedia（Wireless

Multimedia，无线多媒体）论坛转而取道 ECMA/ISO 想要激活标准。2005 年 12 月，WiMedia 与 ECMA International（欧洲计算机制造商协会）合作制定并通过了 ECMA 368/369 标准。ECMA368/369 标准基于 MB-OFDM 技术，支持的速率高达 480Mb/s 以上。上述标准于 2007 年通过 ISO 认证，正式成为第一个 UWB 的国际标准。

ECMA-368 协议规定了用于高速短距离无线网络的 UWB 系统的物理层与 MAC 层的特性，使用频段为 3.1G~10.6GHz，最高速率可以达到 480Mb/s。

在 UWB 相关应用方面，MB-OFDM 已被 USB-IF（USB 开发者论坛）采纳为无线 USB 的技术；同时，2007 年 3 月，BluetoothSIG（Bluetooth Special Interest Group 蓝牙特别兴趣小组）宣布将结合 MB-OFDM 技术和现有蓝牙技术，从而实现新的高速传输应用。相比之下，DS-CDMA 的发展就略逊一筹，为了抢占庞大的 USB 市场，2007 年 1 月，UWB Forum 成立了 Cable-Free USB Initiative，开发其自有的无线 USB 规范。

在尚未明朗的无线 1394 领域，就两大联盟的参与者来看，UWB Forum 中有索尼公司的参与，而索尼公司在家电等相关产品中有相当程度的影响力，所以在无线 1394 的发展上，UWB Forum 的实力仍不可小觑。

三、超宽带技术与其他无线通信技术的比较

UWB 信号在发射时将微弱的无线电脉冲信号分散在宽阔的频带中，输出功率甚至低于普通设备产生的噪声。接收时将信号能量还原出来，在解扩过程中产生扩频增益。因此，与 IEEE802.11a、IEEE802.11b 和蓝牙相比，在同等码速条件下，UWB 信号具有更强的抗干扰性。

第六节　60GHz 通信技术

一、60 GHz 通信技术的特点

继千兆和万兆以太网之后，市场上还没有相应的高速无线通信网络。目前普遍采用的兆级（Mb/s，如 Wi-Fi 等）无线网络已经无法满足迅猛增长的千兆级应用需求，况且，低频频谱日益拥挤并行将耗尽。为此，美国、日本、韩国等国家开辟了 60GHz 毫米波频段，并将其视为 Gb/s 无线通信首选。

近年来，60GHz 毫米波通信研究活跃并取得快速进展，我国也会在"十三五"期间推进毫米波通信实用化。2010 年我国通过了 863 重大专项，于 2011 年 1月到 2015 年 12 月支持《毫米波与太赫兹无线通信技术开发》。2015 年清华大学支持了自主科研项目《60GHz 毫米波天基信息传输系统关键技术研究》。

60GHz 通信技术产生背景：从理论上看，要进一步提升系统容量，增加带宽势在必行。但是 10GHz 以下无线频谱分配拥挤不堪的现状已完全排除了这种可能，因此，要实现超高速无线数据传输还需开辟新的频谱资源。

各国和地区的 60GHz 频段：各国和地区在 60GHz 频段附近划分出免许可连续频谱作为一般用途。北美和韩国开放了 57G~64GHz；欧洲和日本开放了59G~66GHz；澳大利亚开放了 59.4G~62.9GHz；中国目前也开放了 59G~64GHz的频段。在各国和地区开放的频谱中，大约有 5GHz 的重合，这非常有利于开发世界范围内适用的技术和产品。下面介绍 60GHz 通信的技术特点。

（一）60GHz 信号（属于毫米波）传播特性

毫米波是指波长为 1~10mm 的电磁波，相应频率为 30G~300GHz 的电磁波，又称为极高频。毫米波向上为红外、可见光和紫外，向下为波长为 10 厘米到 1厘米的超高频（频率为 3G~30GHz 的厘米波段）。

1.60 GHz 毫米波有明显的带宽和传输速率优势。60GHz 频段频谱资源丰富，可用带宽达 7G~9GHz，每个信道达 2160 MHz，简单调制即可提供 4~6Gb/s 传输速率。相比之下，802.11n 所有可用信道的总带宽约为 660 MHz，最大理论传输速率是 30 0 Mb/s。60GHz 毫米波使 Gb/s 无线连接成为可能，其传输速率甚至超过了 USB3.0、SATA3.0 等很多有线传输方式的下一代标准的速度。

2. 极大的路径损耗。对于传输损耗，包括自由空间传输损耗和附加损耗。自由空间传输损耗与频率平方成比例，因此，60GHz 频段较目前频段（如 2.4GHz、5GHz 等）有上百倍到几百倍衰减。

3. 氧气吸收损耗高。在毫米波频段，大气中的氧气、水蒸气等附加损耗也开始起作用了，尤其是 60GHz 毫米波与气体分子的机械谐振频率相吻合，处于氧吸收峰值附近，氧吸收损耗达 15dB/km。

4. 绕射能力差，穿透性差。对比各种材料对毫米波和低频电磁波的穿透损耗，此外，测量显示 PC 显示器之类的物体对 60GHz 信号的衰减在 40dB 以上。

（二）60GHz 通信技术的特点

1. 定向发射和接收：首先，定向发射和接收首先能显著减小信号多径时延扩展；其次，定向发射意味着干扰区域的减小，同时毫米波的高衰减特性也缩短了信号的干扰距离，不同链路之间的干扰大为降低。天线对空间不同方向具有不同的辐射或接收能力，而根据方向性的不同，天线有全向和定向两种。

（1）全向天线：在水平面上，辐射与接收无最大方向的天线称为全向天线。全向天线由于无方向性，所以多用在点对多点通信的中心台。例如，想要在相邻的两幢楼之间建立无线连接，就可以选择这类天线。

（2）定向天线：有一个或多个辐射与接收能力最大方向的天线称为定向天线。定向天线能量集中，增益相对全向天线要高，适用于远距离点对点通信，同时由于具有方向性，抗干扰能力比较强。例如，在一个小区里，当需要横跨几幢楼建立无线连接时，就可以选择这类天线。

其优点：60GHz 通信技术在通信的安全性和抗干扰性方面存在天然的优势。缺点：定向发射和接收可能出现因收发设备初始天线方向没有对准而产生的"听不见（Deafness）"现象。

2. 多跳中继：为了扩大 60GHz 网络覆盖范围并保持足够高的强健性（Robustness），可以借助中继利用协同或多跳等方式来进行组网。有实验表明 4 跳 60GHz 系统已可实现与 WLAN 相同的覆盖范围，并保持每秒数千兆的超高速率。

3. 空间复用：定向链路之间的低干扰特性意味着允许多条同频通信链路在同一空间内共存，从而有效提升网络容量。

4. 单载波调制与 OFDM：在 60GHz 物理层技术方案的选择上，目前有单载波调制和 OFDM 两大备选技术。可以根据不同的应用和场景结合使用。单载波调制实现成本低，可用于速率在 2Gb/s 以下的低端应用。

二、60GHz 标准化进程

目前主要的 60GHz 标准化组织有以下五个：工业界联盟：WirelessHD；WiGig；标准化组织：ECMA，IEEE802.15.3c（TG3c，IEEE802.11ad（TGad）。

（一）WirelessHD

2006 年 10 月，由 LG、松下、NEC、三星、索尼以及东芝公司组成 WirelessHD 小组，旨在对 60GHz 通信技术进行规范，此项技术能在客厅（以电视为中心，10m 范围连接规范）中以高达 4Gb/s 的速度传送未经压缩的高清视频数据。2016 年 1 月，WirelessHD1.0 规范扩大到对便携式和个人计算设备的支持，数据速率提高到 10~28Gb/s。WirelessHD1.0 规范作为一种工作模式被 IEEE802.15.3c 标准所接纳。

（二）WiGig

Intel、微软、戴尔、三星、LG、松下等成立无线千兆比特联盟（Wireless Gigabit Alliance，WiGig），是一种更快的短距离无线通信技术，可用于在家中快速传输大型文件，其目标不仅是连接电视机，还包括手机、摄像机和个人电脑。2015 年 12 月，宣布完成了 WiGigv1.0 的制定，支持高达 7Gb/s 的数据传输速率，比 802.11n 的最高传输速率快 10 倍以上。

1.WiGig 的重要特点：向后兼容 IEEE802.11 标准。WiGig 联盟表示将与新一代 Wi-Fi 规格 IEEE802.11ad 结盟。

2.WiGig 兼容于 Wi-Fi 标准，具有以下六个重要特征：

（1）支持最高 7Gb/s 的数据传送速率，是 Wi-Fi 标准的 10 倍。

（2）设计初衷不仅是为支持低功耗的移动设备（如手机），并且也支持高性能设备（如台式机），所以它天生具有高级的电源管理技术。

（3）设计基于 IEEE802.11 标准（Wi-Fi 技术使用的标准），并且支持 2.4GHz，5GHz 和 60GHz 三个频段。

（4）支持波束成形，提高信号强度，有效传送距离达 10m。

（5）支持 AES 加密。

（6）为 HDMI、DisplayPort、USB 和 PCI-E（PCI-Express）提供高性能的无线实现。

3.人们一般认为 WiGig 是一个非常优秀的无线通信技术，它将是下一代的

Wi-Fi 技术，主要原因如下：

（1）WiGig 兼容于 Wi-Fi 设备。现有的 Wi-Fi 设备能够使用，并且移动运营商现有 Wi-Fi 设备的升级换代可以循序渐进地进行，能够缓解移动运营商的资金压力。

（2）WiGig 支持 HDMI、DisplayPort、PCI-E 和 USB 设备的无线传送。对于移动互联的整个大趋势，对于不同移动设备之间的互联互通，WiGig 将起积极的作用。

（3）有着广泛的公司支持。

（4）WiGig 的高速度和高带宽。它是现有 Wi-Fi 标准的 10 倍。在数据匮乏的今天，高速度和高带宽是用户体验的重要组成部分。

虽然 WiGig 被标榜为下一代 Wi-Fi 技术，但是它也有强有力的竞争对手，那就是 WirelessHD。

（三）ECMA

ECMA（欧洲计算机制造商协会）公布了 60GHz 通信标准 ECMA-387。它可支持 1.728G 符号 / 秒的符号速率。在未使用信道绑定的情况下，数据速率高达 6.350 Gb/s。将相邻的 2 个或 3 个频段绑定，可以获得更高的数据速率。

（四）IEEE 802.15.3c（TG3c）

IEEE 设立了 IEEE802.15.3c 小组，其主要目的是进行 60 GHz 无线个域网（WPAN）的物理层和 MAC 层的标准化工作。2014 年 10 月 TG3c 小组宣布已通过 IEEE802.15.3c—2009 标准，可提供最高数据速率超过 5Gb/s。其中，WirelessHD1.0 规范作为一种工作模式被 IEEE802.15.3c 标准所接纳。

（五）IEEE 802.11ad（TGad）

IEEE802.11 小组启动 IEEE802.11ad 标准制定工作，目标是制定 60 GHz 频段的 WLAN 技术规范。TGad 是从审议现行高速 WLAN IEEE 802.11n 后续标准的工作组的 VHT（Very High Throughput，极高吞吐量）派生出来的工作组之一。WiGig 联盟表示将与新兴的新一代 Wi-Fi 规格 IEEE802.11ad 结盟。

三、60GHz 组网中的非视距传输

60GHz 毫米波衍射能力不强，采用定向天线后，无线信号的能量具有高度的方向性，通信信号基本是直线传输。另外，60GHz 毫米波穿透力较弱，穿透一般办公室的常见障碍，如普通墙体等衰减都在几分贝到几十分贝。因此，60GHz 毫米波只能视距传输。如何实现非视距传输是 60GHz 毫米波应用于无线个域网（WPAN）和无线局域网（WLAN）的关键技术。

　　一般地，在无线网络中，需要通过路由，使60GHz毫米波能够灵活地绕过障碍，实现网络连接。例如，两点之间存在障碍物，但这两点都能和第三点实现视距连接，这时可以通过第三点路由从而保证这两点之间的网络通信。动态路由将需要网络的拓扑信息和基本的节点位置信息，现有的基于图论思想的无线传感网络定位等技术成果可以借鉴。对于室内环境，通过调整毫米波在墙体、移动物体上的反射角度，也可以间接联网。

第七节　无线 LAN 通信技术

一、无线 LAN 通信技术的标准

　　无线局域网（WLAN）通信技术的标准主要包括以 IEEE802.11 及其衍生标准为代表的一系列技术，如 IEEE802.11b、IEEE802.11a、IEEE802.11g、IEEE802.11n 等。凡使用 802.11 标准及其衍生标准协议的局域网又称为 Wi-Fi（Wireless-Fidelity，无线保真度）。因此，Wi-Fi 几乎成了无线局域网 WLAN 的同义词。

　　（一）IEEE 802.11

　　IEEE802.11 标准是第一代无线局域网标准。IEEE802.11 工作在 2.4 GHz 开放频段，支持 1 Mb/s 和 2 Mb/s 的数据传输速率。IEEE802.11 定义了物理层（PHY）和媒体访问控制（MAC）层规范，允许无线局域网及无线设备制造商建立互操作网络设备。标准中物理层定义了数据传输的信号特征和调制方式。

　　（二）IEEE 802.11b

　　1999 年 9 月 通 过 的 IEEE802.11b 工 作 在 2.4G~2.483GHz 频 段。IEEE802.11b 数据速率可以为 11Mb/s、5.5Mb/s、2Mb/s、1Mb/s 或更低，根据噪声状况自动调整。当工作站之间距离过长或干扰太大、信噪比低于某个门限时，传输速率能够从 11Mb/s 自动降到 5.5Mb/s 或者根据直接序列扩频技术调整到 2Mb/s 和 1Mb/s。IEEE802.11b 使用带有防数据丢失特性的载波检测多址连接（CSMA/CA，载波侦听多址访问 / 冲突避免）作为路径共享协议，物理层调制方式为补码键控（Complementary Code Keying，CCK）的 DSSS（直接序列扩频）。

（三）IEEE 802.11a

与 IEEE802.11b 相比，IEEE802.11a 在整个覆盖范围内提供了更高的速度，其速率高达 54Mb/s。IEEE802.11a 工作在 5GHz 频段，与 IEEE802.11b 一样，它在 MAC 层采用 CSMA/CA 协议，在物理层采用正交频分复用（OFDM）代替 IEEE802.11b 的 DSSS 来传输数据。

（四）IEEE 802.11g

为了解决 IEEE802.11a 与 IEEE802.11b 的产品因为频段与物理层的调制方式不同而无法互通的问题，IEEE 又批准了新的 IEEE802.11g 标准。IEEE802.11g 既适应传统的 IEEE802.11b 标准，在 2.4GHz 频率下提供 11 Mb/s 的传输速率；也符合 IEEE802.11a 标准，在 5GHz 频率下提供 54 Mb/s 的传输速率。IEEE802.11g 中规定的调制方式包括 IEEE802.11a 中采用的 OFDM 与 IEEE802.11b 中采用的 CCK。通过规定两种调制方式，既达到了用 2.4GHz 频段实现 IEEE802.11a54Mb/s 的数据传送速度，也确保了与 IEEE802.11b 产品的兼容。

（五）其他标准简介

IEEE802.11，原始标准（2 Mb/s，工作在 2.4 GHz）。

IEEE802.11a，物理层补充（54 Mb/s，工作在 5 GHz）。

IEEE802.11b，物理层补充（11 Mb/s 工作在 2.4 GHz）。

IEEE802.11c，符合 IEEE802.1D 的媒体接入控制层桥接（MAC Layer Bridging）。

IEEE802.11d，根据各国无线电规定进行的调整。

IEEE802.11e，对服务质量（Quality of Service，QOS）的支持。

IEEE802.11f，基站的互连性（Inter-Access Point Protocol，IAPP），2006 年 2 月被 IEEE 批准撤销。

IEEE802.11g，物理层补充（54 Mb/s，工作在 2.4 GHz）。

IEEE 802.11h，无线覆盖半径的调整，室内（Indoor）和室外（Outdoor）信道（5 GHz 频段）。

IEEE802.11i，无线网络在安全方面的补充。

IEEE802.11j，根据日本规定进行的升级。

IEEE802.11l,预留,不准备使用。IEEE802.11m,维护标准,作为互斥及极限。

IEEE802.11n,更高传输速率(300Mb/s)的改善,支持多输入和多输出技术(Multi-input Multi-output,MIMO)。

IEEE802.11k,该协议规范规定了无线局域网络频谱测量规范。该规范的制定体现了无线局域网络对频谱资源智能化使用的需求。

IEEE 802.11p,这个通信协定主要用在车用电子的无线通信上。它设定上是从 IEEE802.11 来扩充延伸,以符合智能交通系统(Intelligent Transportation Systems,ITS)的相关应用。

IEEE802.11u 建立标准实现 IEEE802.11 和其他无线系统(如 3G 蜂窝系统)的集成。

IEEE802.11v 标准的目标是改善无线局域网的可靠性、吞吐量和服务质量。它的速度与 802.11n 基本没有区别,但这是以节能为设计目的的标准(无线网管睡眠模式和"WLAN 唤醒"功能)。

IEEE 802.11w 无线加密标准是建立在 IEEE 802.11i 框架上的,它可以对抗针对无线 LAN(WLAN)管理帧的攻击。IEEE802.11i 可以保护数据帧,但管理帧仍然是不经加密和认证进行发送的。认识到这个问题后,IEEE 组织了 IEEE802.11w 委员会,它可以增强如无线 VoIP 等应用,在保证无线通信安全的同时能够提供足够的呼叫质量和稳定性。

2015 年 10 月,Wi-Fi Alliance(Wi-Fi 联盟)发布 Wi-Fi Direct 白皮书。Wi-Fi Direct 标准是指允许无线网络中的设备无须通过无线路由器即可相互直接连接。与蓝牙技术类似,这种标准允许无线设备以点对点的形式相互连接,而且在传输速度与传输距离方面则比蓝牙有大幅提升。

Wi-Fi Direct 标准将会支持所有的 Wi-Fi 设备,从 IEEE802 标准的 11a/b/g 到 11n,不同标准的 Wi-Fi 设备之间也可以相互直接连接。利用这种技术,手机、相机、打印机、PC 与游戏设备将能够相互直接连接,以迅速而轻松地传输内容、共享应用。在手机—手机的应用中,Wi-Fi 直连相当于用比蓝牙高的速率在手机之间传输图片和文件。在 PC-PC 的应用中,Wi-Fi 直连相当于无线版的飞鸽传书。苹果早在 iPad2 和 iPhone4S 上就支持 Wi-Fi 直连,Android4.0 也支持 Wi-Fi 直连,目前 Windows8 也开始支持 Wi-Fi 直连。

二、无线 LAN 通信技术的应用和组网

（一）典型的无线路由器产品

一个典型的无线路由器（内置 ADSL）产品的接口如下：1. Line 接口。内置 ADSL2+Modem。最高下行速度可达 24Mb/s。2. 内置 IEEE802.11g54M 无线功能。它兼容传输速率为 11Mb/s 的 802.11b 的无线设备。3. Ethernet 接口。内置一个 10/100Mb/s 网卡接口，可连接交换机，满足多户共享宽带的要求。4.USB 接口。内置一个 USB 的网卡接口，即便用户的计算机没有网卡，也可上网。5. Phone 接口。内置语音网关，可直接连接电话机，省去了外接语音分离器的麻烦。

ADSL 是 DSL（数字用户环路）家族中最常用、最成熟的技术，它是 Asymmetrical Digital Subscriber Loop（非对称数字用户环路）的英文缩写。ADSL 是运行在原有普通电话线上的一种高速宽带技术。所谓非对称，主要体现在上行速率（最高为 2Mb/s）和下行速率（最高为 8Mb/s）的非对称。ITU 公布了 ADSL 的两个新标准（G.992.3 和 G.992.4），即 ADSL2。在第一代 ADSL 标准的基础上，ITU 制定了 G.992.5，也就是 ADSL2 plus（ADSL2 ＋）。在下行方面，ADSL2 ＋在 5000ft 的距离上达到了 24 Mb/s 的速率，是 ADSL 下行 8Mb/s 的 3 倍。并且 ADSL2 ＋和 ADSL2 也保证了向下兼容。另一种常见的无线路由器（外置 ADSL）一般都有一个 RJ-45 口为 WAN 口，也就是 UP Link 到外部网络的接口，其余 2~4 个 RJ-45 口为 LAN 口，用来连接普通局域网，内部有一个网络交换机芯片，专门处理 LAN 接口之间的信息交换。

（二）无线 LAN 接入 Internet 组网

无线路由器（内置 ADSL）接入 Internet 的组网，Line 接口通过电话线接入 Internet；内置的 IEEE 802.11g 54 M 无线功能可以连接有 WLAN 功能的手机或笔记本电脑；Ethernet 接口通过外接的小型交换机连接 PC；Phone 接口直接连接电话机。

无线路由器（外置 ADSL）接入 Internet 的组网，无线路由器（不内置 ADSL）可以通过 WAN 口与 ADSL Modem（家庭网关，ADSL 用户端设备）或 CABLE Modem 直接相连，继而接入 Internet；无线路由器（外置 ADSL）也可以通过交换机/集线器、宽带路由器等局域网方式接入 Internet。显然，无线路由器（外置 ADSL）的优点是可以灵活选择接入 Internet 的方式，不一定总是用 ADSL 接入。

目前无线路由器产品支持的主流协议标准为 IEEE 802.11g 和 IEEE 802.11n，并且向下兼容 IEEE 802.11b。IEEE 802.11b 与 IEEE 802.11g 标准是可以兼容的，它们最大的区别就是支持的传输速率不同，前者只能支持到 11 Mb/s，而后者可以支持 54 Mb/s。而后推出的 IEEE 802.11g+ 标准可以支持 108 Mb/s 的无线传输速率，传输速度可以基本与有线网络持平主流的 IEEE 802.11n 标准可以支持 150 Mb/s 和 300 Mb/s 的无线传输速率，得到了广泛应用。

（三）在手机上启动 WLAN

用手机点开 WLAN 图标，启动 WLAN 并搜索周围环境中的 WLAN 访问点（AccessPoint, AP），出现一个或多个 AP 图标，选择一个信号最强的，点击"添加"菜单进行配置，配置时只需要输入密码（需要知道密码），配置完之后点击"连接"，出现提示框，表明连接成功，手机界面的图标之间增加了一条连接线，表明连接成功。然后就可以上网了。与直接用 3G 或 GPRS 上网的方式不同，在手机上启动 WLAN 的上网方式通常是免费的。

第八节　无线 MAN 通信技术

一、WiMAX 的概念和特点

IEEE 802.16 是宽带无线 MAN 标准。IEEE 802.16 是为用户站点和核心网络（如公共电话网和 Internet）间提供通信路径而定义的无线服务。

无线 MAN 技术也称为 WiMAX（Worldwide Interoperability for Microwave Access，全球微波接入的互操作性）技术。这种无线宽带访问标准解决了城域网中"最后一英里"问题，而 DSL、光缆及其他宽带访问方法的解决方案要么行不通，要么成本太高。WiMAX 是一项新兴的宽带无线接入技术，能提供面向互联网的高速连接，数据传输距离最远可达 50km。其具有 QoS 保障、传输速率高、业务丰富多样等优点。

WiMAX 技术起点较高，采用了代表未来通信技术发展方向的 OFDM/

OFDMA、AAS（Adaptive Antenna System，自适应天线系统）和 MIMO（Multiple-input Multiple-output）等

先进技术。随着技术标准的发展，WiMAX 逐步实现宽带业务的移动化（由不支持切换变成支持切换），而 3G 则实现移动业务的宽带化，两种网络的融合程度越来越高。2007 年 10 月，WiMAX 成功获得 ITU 的批准，跻身 3G 标准之列。

二、WiMAX 的演进

IEEE 802 局域网（LAN）/ 城域网（MAN）成立了 IEEE 802.16 工作组来专门研究宽带无线接入标准。一些世界知名通信企业联合发起了全球微波接入互操作性论坛，在全球范围内推广 IEEE 802.16 标准，从此 WiMAX 技术成了 IEEE 802.16 技术的代名词。2014 年 6 月通过的 IEEE 802.16d 标准（又称为 IEEE 802.16-2004 或 FixWiMAX，目前仍被广泛使用）属于固定宽带无线接入空中接口标准。物理层定义了两种双工方式：TDD 和 FDD。MAC 层分为三个子层：业务汇聚子层（CS）、公共部分子层（CPS）和安全子层（SS）。

2015 年 12 月通过的 IEEE 802.16e 标准（又称为 IEEE 802.16-2005 或 Mobile WiMAX，目前仍被广泛使用）是一项针对 IEEE 802.16d 标准的修正案，此项修正案增加了移动机制。IEEE 802.16e 标准属于移动宽带无线接入空中接口标准，支持终端移动性的接入方案，由不支持切换变成支持切换。协议栈模型和 IEEE 802.16d 标准相同，支持不同数量子载波的 OFDMA，增强安全性。2016 年 4 月，IEEE 批准 IEEE 802.16m 标准成为下一代 WiMAX 标准。IEEE 802.16m 标准也被称为 Wireless MAN-Advanced 或者 WiMAX 2，是继 IEEE 802.16e 标准后的第二代移动 WiMAX 国际标准。IEEE 802.16m 标准可支持超过 300 Mb/s 的下行速率。IEEE802.16m 与 LTE 一起，被认为是准 4G 标准。

三、WiMAX 系统的结构

WiMAX 系统的结构包括核心网络、基站（BS）、用户基站（SS）、接力站（RS）、用户终端设备（TE）和网管系统，分述如下：

1. 核心网络：WiMAX 连接的核心网络通常为传统交换网或互联网。WiMAX 提供核心网络与基站间的连接接口，但 WiMAX 系统并不包括核心网络。

2. 基站（BS）：基站提供用户基站与核心网络间的连接，通常采用扇形 / 定向天线或全向天线，可提供灵活的子信道部署与配置功能，并根据用户群体状况不断升级扩展网络。

3.用户基站（SS）：属于基站的一种，提供基站与用户终端设备间的中继连接，通常采用固定天线，并被安装在屋顶上。基站与用户基站间采用动态适应性信号调制模式。

4.接力站（RS）：在点到多点体系结构中，接力站通常用于提高基站的覆盖能力，也就是说充当一个基站和若干个用户基站（或用户终端设备）间信息的中继站。接力站面向用户侧的下行频率可以与其面向基站的上行频率相同，当然也可以采用不同的频率。

5.用户终端设备（TE:WiMAX 系统定义用户终端设备与用户基站间的连接接口，提供用户终端设备的接入。但用户终端设备本身并不属于 WiMAX 系统。

6.网管系统：用于监视和控制网内所有的基站和用户基站，提供查询、状态监控、软件下载、系统参数配置等功能。

第九节　移动通信网

一、移动通信网的基本组成

物联网的终端都需要以某种方式连接起来，以发送或者接收数据。移动通信网是适合物联网组网特点的通信和联网方式。物联网的组网需求包括以下几点：一是方便性：不需要数据线连接。二是信息基础设施的可用性：不是所有地方都有方便的固定接入能力。

一些应用场景本身需要随时监控的目标就是在移动状态下。移动通信具有覆盖广、建设成本低、部署方便、具备移动性的优点，正好可以满足物联网的组网需求。因此，移动通信网络将是物联网主要的接入手段。移动通信网络将成为物联网最重要的信息基础设施，为人与人之间通信、人与网络之间的通信、物与物之间的通信提供服务，目前和将来要着重推进国家传感信息中心建设，促进物联网与互联网、移动互联网融合发展。移动电话通信网一般由移动台（MS）即用户终端、基站（BS）、移动电话交换控制中心（MSC）以及与公众电话网

（PSTN）相连接的中继线、各基站与控制中心间的中继线、基站与移动台之间的无线信道等组成，它是一个有线、无线相结合的综合通信网。

（一）移动电话交换控制中心（MSC）

移动电话交换控制中心是整个移动电话通信网的核心，它具有智能化功能。

（二）基站（BS）

基站是一套为无线小区服务的设备。它的主要作用是处理基站与移动台之间的无线通信，在移动电话交换控制中心（MSC）与移动台（MS）之间起中继作用。

（三）移动台（MS）

移动台即用户终端设备。它有车载式、手持式、便携式及固定式等类型。

（四）中继线

中继线是连接移动电话交换控制中心设备与公众电话网（市话网）设备、基地站设备的线路。

（五）无线信道

1. 语音信道：语音信道主要用于传递语音信号，它的占用和空闲由移动电话交换中心控制和管理。

2. 控制信道：控制信道用来传送系统控制数据信息。

二、移动通信网络的发展历程

（一）早期移动通信的发展历程

1897 年，马可尼在陆地和一艘拖船上完成无线通信实验，标志着无线通信的开始。

1928 年，美国警用车辆的车载无线电系统，标志着移动通信的开始。

1946 年，美国贝尔（Bell）实验室在圣路易斯建立了第一个公用汽车电话网。

1960 年，美国贝尔实验室提出蜂窝移动通信的概念。

蜂窝系统的概念和理论在 20 世纪 60 年代就由美国贝尔实验室等单位提了出来，但其复杂的控制系统（尤其是实现移动台的控制）直到 20 世纪 70 年代才大规模实现。小区制蜂窝通信具有小覆盖、小发射功率和资源重用等优点，决定了它在现代移动通信中的重要作用。

（二）现代移动通信的发展历程

现代移动通信发展主要经历了四个阶段，正在进入第五阶段。

1. 第一代移动通信系统。第一代移动通信系统是模拟蜂窝移动通信网，时间是 20 世纪 70 年代中期至 80 年代中期。其解决了用户移动性的基本问题。

蜂窝小区系统设计的频率复用,解决大容量需求与有限频谱资源的矛盾。多址方式采用 FDMA,其所使用的是模拟系统,包括 FM 调制、模拟电路交换、模拟语音信号。其业务功能单一,只支持通话功能。模拟系统的缺点有:频谱利用率低、业务种类有限、无高速数据业务、保密性差、易被窃听和盗号、设备成本高、体积大和重量大。

2.第二代移动通信系统。以 GSM(Global System of Mobile communication,全球移动通信系统)和 IS-95 为代表的第二代移动通信系统,是从 20 世纪 80 年代中期开始的。第二代移动通信系统采用数字化通信方式,包括语音信号数字化、数字式电路交换、数字式调制;多址方式采用时分多址(Time Division Multiple Access,TDMA)或码分多址(Code Division Multiple Access,CDMA);采用微蜂窝小区结构,提高用户数量;采用了一系列数字处理技术来有效提高通信质量,如纠错编码、交织、自适应均衡、分集等;业务类型以通话为主,还有低速数据业务。从 1996 年开始,为了解决中速数据传输问题,又出现了 2.5G 移动通信系统,如 GPRS 和 IS-95B。

(1)GSM 系统概述。1990 年完成的 GSM 900 规范对 GSM 系统的结构、信令和接口等给出了详细的描述。1991 年 GSM 系统正式在欧洲问世,网络开通运行。现在,GSM 包括两个并行的、功能基本相同的系统:GSM 900 和 DCS 1800。GSM 900 工作于 900 MHz,DCS 1800 工作于 1800 MHz。GSM 系统的优点有:频谱利用率高、容量大、语音质量高、安全性好、能够实现智能网业务和国际漫游等。

(2)CDMA 系统概述。CDMA 技术的标准化经历了几个阶段。IS-95 是 CDMA 系列标准中最先发布的标准,IS-95B 是 IS-95A 的进一步发展,可提高 CDMA 系统性能,CDMA One 是基于 IS-95 标准的各种 CDMA 产品的总称。CDMA 应用于数字移动通信的优点:系统容量大,比模拟网大 10 倍,比 GSM 大 4.5 倍;采用软切换技术,系统通信质量更佳;频率规划灵活;适用于多媒体通信系统;多 CDMA 信道方式、多 CDMA 帧方式。

(3)GPRS 系统概述。在传统的 GSM 网络中,用户除通话以外最高只能以 9.6 Kb/s 的传输速率进行数据通信,如 Fax、E-mail、FTP(File Transfer Protocol,文件传输协议)等,这种速率只能用于传送文本和静态图像,但无法满足传送活动视像的需求。GPRS(General Packet Radio Service,通用分组无线业务)突破了 GSM 网络只能提供电路交换的思维定式,将分组交换模式引入到

GSM 网络中。它通过仅仅增加相应的功能实体和对现有的基站系统进行部分改造来实现分组交换，从而提高资源的利用率。GPRS 能快速建立连接，适用于频繁传送小数据量业务或非频繁传送大数据量业务。GPRS 是 2.5 代移动通信系统。由于 GPRS 是基于分组交换的，用户可以保持永远在线。GPRS 最高理论传输速度为 171.2 Kb/s，目前使用 GPRS 可以支持 40 Kb/s 左右的传输速率。

（4）EDGE 系统概述。EDGE 是英文 Enhanced Data Rate for GSM Evolution 的缩写，即增强型数据速率 GSM 演进技术。EDGE 是一种从 GSM 到 3G 的过渡技术，俗称 2.75 G。GPRS 的访问速度为 171.2Kb/s，EDGE 传输速率在峰值可以达到 384Kb/s。

3. 第三代移动通信系统

第三代移动通信系统的概念是国际电信联盟（ITU）早在 1985 年就已提出的，当时称为未来公共陆地移动通信系统（FPLMTS），1996 年更名为 IMT-2000（International Mobile Telecommunications-2000），在欧洲称其为通用移动通信系统（Universal Mobile Telecommunication System，UMTS）。IMT-2000 的宗旨是建立全球的综合性个人通信网，提供多种业务，尤其是多媒体和高比特率分组数据业务并实现全球无缝覆盖。2000 年 5 月举行的 ITU-T 2000 年全会批准并通过了 IMT-2000 无线接口技术规范。2007 年 10 月，ITU 在日内瓦举行的无线通信全体会议上，与会国家通过投票正式通过无线宽带技术 WiMAX 成为 3G 标准。2008 年全球移动大会上，主流设备厂商不约而同地发布了 LTE 的研究成果和后续演进策略。自 2000 年开始迅猛发展的第三代移动通信系统的目标是能实现全球漫游、能提供多种业务、能适应多种环境、有足够的系统容量。

第三代移动通信系统以多媒体（Multimedia）综合服务业务为主要特征，包括会话型、数据流型、互动型、后台类型等多种多媒体业务类型，其多址方式采用 TDMA、CDMA 或 OFDMA，同时支持电路交换和分组交换。第三代移动通信系统引入了包括智能天线、发端分集、空时码、正交可变扩频因子（Orthogonal Variable Spreading Factor，OVSF）多址码等在内的多种新技术。主要的 3G 技术标准包括 WCDMA（Wideband Code Division Multiple Access，宽带码分多址）、CDMA2000、TD-SCDMA（Time Division-Synchronous Code Division Multiple Access，时分同步码分多址）和 WiMAX 等。2009 年 1 月，我国工业和信息化部批准并颁发了三张 3G 业务经营许可牌照，TD-SCDMA、WCDMA 和 CDMA 2000，分属中国移动、中国联通和中国电信。移动是"TD"（TD-SCDMA），联通是"沃",即"W"(WCDMA),电信是"天翼3G"(CDMA2000EV-DO)。

4. 第四代移动通信系统

虽然3G移动通信系统可以基本满足人们对快速传递数据业务的需求,但在一些发达国家和我国的某些地区,2008年之后已经开始推行4G网络。4G网络在网络体系结构上是一个可称为宽带接入的分布式网络。4G网络是一个无缝连接(Seamless Connection)的网络,也就是说,各种无线和有线网络都能以IP协议为基础连接到IP核心网络。类似LTE的4G网络将取消电路交换(CS)域,CS域业务在包交换(PS)域实现,如采用VoIP(Voice over IP,IP电话)。4G网络的无缝性包含系统、业务和覆盖等多方面的无缝性。系统的无缝性指的是用户既能在WLAN中使用各种业务,也能在蜂窝系统中使用各种业务;业务的无缝性指的是对话音、数据和图像的无缝性;而覆盖的无缝性则指4G网络应能在全球提供业务。因此,4G网络是一个综合系统,蜂窝部分提供广域移动性,而WLAN提供热点地区的高速业务,同时也应当包含家庭和办公室的个人LAN。当然,为了与传统的网络(如传统电话网PSTN和ISDN)进行互联,需要用网关建立相互之间的联系;为了与Internet进行互联,需要用路由器建立相互之间的联系。因此,4G网络是一个更加复杂的协议网络。

三、WCDMA 技术

(一)WCDMA 的演进过程

1985年提出未来公共陆地移动通信系统FPLMTS,1996年更名为IMT-2000。1992年WRC(World Radio communication Conference,世界无线电通信大会)大会分配频谱230MHz。1999年3月完成IMT-2000 RTT(Radio Transmission Technology,无线传输技术)关键参数的制定。1999年11月完成IMT-2000 RTT技术规范。2000年完成IMT2000全部网络标准。1998年12月成立3GPP组织,1999年成立3GPP2等标准化组织。3GPP(The 3rd Generation Partnership Project,第三代合作伙伴计划)是领先的3G技术规范机构,它由欧洲的ETSI、日本的ARIB和TTC、韩国的TTA以及美国的TIA在1998年年底发起并成立,旨在研究制定并推广基于演进的GSM核心网络的3G标准,即WCDMA、TD-SCDMA和EDGE等。中国无线通信标准组(CWTS)于1999年加入3GPP。3GPP2(3rd Generation Partnership Project 2,第三代合作伙伴计划2)组织于1999年1月成立,由北美的TIA、日本的ARIB和TTC、韩国的TTA四个标准化组织发起,主要是制定以ANSI-41核心网为基础,CDMA2000为无线接口的第三代技术规范。中国无线通信标准研究组（CWTS）于 1999 年 6 月在韩国正式签字同时加入 3GPP 和 3GPP2。

（二）WCDMA 技术的标准化

WCDMA 技术的标准化工作从 1999 年 12 月开始每三个月更新一次，目前已经有多个版本，包括R99(WCDMA)、R4(HSDPA)、R5(HSDPA)和R6(HSUPA)等。

1. HSDPA。HSDPA（High Speed Down link Packet Access）即高速下行链路分组接入。它是 3G 的增强技术，主要作用是增加 3G 系统中下行数据的吞吐量及提高了下行传输速率。HSDPA 用在 WCDMA 下行链路（5 MHz 带宽）内部，提供的最大数据传输速率达到 10Mb/s，实际平均速率在 4M~8Mb/s 之间。如采用 MIMO 技术，则可达 20Mb/s。有人称 HSDPA 为 3.5G，这在一定程度上表明了 3G 系统的演进方向。TD-HSDPA 是 TD-SCDMA 的下一步演进技术，采用时分双工（Time Division Duplexing，TDD）方式。作为后 3G 的 HSDPA 技术可以同时适用于 WCDMA 和 TD-SCDMA 两种不同制式。

2. HSUPA。HSUPA（High Speed Uplink Packet Access）即高速上行链路分组接入。它通过采用多码传输、HARQ、基于 Node B 的快速调度等关键技术，使得单个小区最大上行数据吞吐率达到 5.76 Mb/s，大大增强了 WCDMA 上行链路的数据业务承载能力和频谱利用率。HSUPA 是因 HSDPA 上传速度不足（只有 384 Kb/s）而开发的，亦称为 3.75G，它在一个 5MHz 载波上的传输速率可达 10M~15Mb/s（采用 MIMO 技术，则可达 28 Mb/s）、上传速度可达 5.76 Mb/s（使用 3GPP Rel7 技术，更可达 11.5 Mb/s），使需要大量上传带宽的功能（如双向视频直播或 VoIP）得以顺利实现。

四、CDMA2000 技术

（一）CDMA2000 演进过程

美国电信工业协会（Telecommunications Industry Association，TIA）提出，可从 IS-95 和 IS-95B 平滑过渡到 CDMA 2000，升级简单。CDMA 2000 1x 采用 1.25MHz 的带宽。CDMA 2000 1x EV-DO(Data Only)可支持 2.4 Mb/s 的数据速率，CDMA 2000 1x EV-DV（Data and Voice）可支持话音和数据。CDMA2000 3x 采用三个 1.25MHz 的带宽进行传输。

（二）CDMA2000 技术的标准化

1.CDMA One。CDMA One 是基于 IS-95 标准的各种 CDMA 产品的总称，IS-95B 可提供实现 64 Kb/s。

2.CDMA2000 1x。CDMA 2000 1x 具有 3G 系统的部分功能，CDMA 2000 1x 完全兼容 IS-95 系统功能。

3.1x EV-DO。1x EV-DO 是一种专为高速分组数据传送而优化设计的 CDMA 2000 空中接口技术。在网络结构方面，1x EV-DO 与 CDMA 2000 1x 的无线接入网在逻辑功能上是相互独立的。1x EV-DO 可以作为高速分组数据业务的专用网。

4.1x EV-DV。在 CDMA2000 1x 载波基础上提升前向和反向分组传送的速率和提供业务 QoS 保证。

五、TD-SCDMA 技术

（一）TD-SCDMA 的演进

IMT-2000 CDMATD 为 TDD 方式，2001 年 3 月 3GPP 通过 R4 版本，TD-SCDMA 被接纳为正式标准。

1.TD-SCDMA 阶段。TD-SCDMA 采用直接序列扩频、低码片速率的 TDD（时分双工）模式。TD-SCDMA 不需要成对的工作频段，这对缓解当前移动频段资源紧张的问题极为重要。

2.HSPATDD 阶段。第二阶段主要包括引入高速下行分组接入（HSDPA）和高速上行分组接入（HSUPA）。

3.LTE TDD 阶段。LTE TDD 是 TD-SCDMA 在向 4G 系统演进过程中的过渡阶段。MIMO-OFDMA 是下一代通信系统中最具革命性的技术。在 20 MHz 的带宽内下行峰值速率达到 100 Mb/s，上行可达到 50Mb/s。

4.TDD B3G/4G。基于 TD-SCDMA 的后 3G（Beyond 3G）或者 4G 系统，将采用 TDD 模式，主要目的在于实现先进国际移动通信（IMT-Advanced）提出的高速和低速移动环境下峰值速率分别达到 100 Mb/s 和 1 Gb/s 的无线传输能力。

（二）TD-SCDMA 的关键技术

1.多用户检测。多用户检测是宽带 CDMA 通信系统中抗干扰的关键技术。

2.智能天线。典型的 TD-SCDMA 系统配置的智能天线是由 8 个天线元素组成的天线阵列。在接收端，智能天线可以大大提高接收机的灵敏度，抵消多径衰落，提高上行链路容量。

3.软件无线电。软件无线电是经过一个通用硬件平台，利用软件加载方式来实现各种类型的无线电通信系统的新技术。其核心思想是尽可能多地用软件来定义无线功能，各种功能和信号处理都尽可能用软件实现。软件无线电使系统具有灵活性和适应性。

4. 动态信道分配（DCA）。目的是进一步减少干扰，增加系统容量。需要注意的是，2G 系统使用固定信道分配。

5. 接力切换。接力切换是 TD-SCDMA 系统的关键特征，该技术利用了硬切换与软切换技术的优点。硬切换（Hard Handover）是指在不同小区之间切换过程中，业务信道有瞬时中断的切换过程。中断时间为 200 ms（1/5 s）。WCDMA 频率间切换就是硬切换。当切换发生时，移动台总是先释放原基站的信道，然后才能获得目标基站分配的信道。

软切换（Soft Handover）是指当移动台从一个小区进入另一个小区时，先建立与新基站的通信，直到接收到原基站信号低于一个门限值时再切断与原基站的通信的切换方式。在切换过程中，移动用户与原基站和新基站都保持通信链路，只有当移动台在新的小区建立稳定通信后，才断开与原基站的联系。它属于 CDMA 通信系统独有的切换功能，可有效提高切换可靠性。

接力切换（Baton Handover）是一种改进的硬切换技术，也是 TD-SCDMA 系统的一项特色核心技术。接力切换就是终端接入新小区的上行通信而下行仍与旧小区建立着通信联系。接力切换由 RNC（无线网络控制器）判定和执行，不需要基站发出切换操作信息，克服了"软切换"浪费信道资源的缺点。

六、LTE 技术

第三代移动通信系统普遍采用的是码分多址（CDMA）技术，此技术能支持的最大系统带宽为 5 MHz。2004 年年底，第三代合作伙伴计划（3GPP）提出了通用移动通信系统（UMTS）的 LTE（Long Term Evolution，长期演进）项目。目前，"准 4G"技术包括以下几种：3GPP 的 LTE、3GPP2 的 AIE（Air Interface Evolution，空中接口演进）、WiMAX 802.16m 技术、IEEE 802.20 移动宽带频分双工 / 移动宽带时分双工（Mobile BroadbandFDD/TDD）。

（一）TD-LTE 技术

我国主推的 TD-LTE 技术继承了 LTE TDD 制式的优点，又与时俱进地引入了 MIMO（多入多出）与 OFDM（正交频分复用）技术，在系统带宽、网络时延、移动性方面都有了跨越式提高。

TD-LTE 技术使用了 ITU 定义的 4G 时代的一部分关键技术，是我国 TD-

SCDMA 的后续演进技术，继承了 TD-SCDMA 系统大量中国自主知识产权。

（二）LTE 的需求

1. 系统性能需求。

（1）峰值速率：在 20MHz 频谱带宽能够提供下行 100Mb/s、上行 50Mb/s 的峰值速率。

（2）用户吞吐量和频谱效率：改善小区边缘用户的性能和提高小区容量。

（3）移动性：能够为 350 km/h 高速移动用户提供大于 100 Kb/s 的接入服务。

（4）用户面延时：降低系统延迟，用户平面内部单向传输时延低于 5 ms。

（5）控制面延时和容量：呼叫建立延时需要较现在蜂窝系统明显降低。

2. 部署成本和互操作性。除了系统性能，其他方面的考虑对运营商来说也很重要，包括降低部署成本、灵活使用频谱及与原系统的互操作性等。这些基本需求可以使 LTE 系统采用多种部署方案，同时便于其他系统向 LTE 过渡。

3. LTE 的架构。LTE 的架构舍弃了 UTRAN（UMTS Terrestrial Radio Access Network，UMTS 陆地无线接入网）的传统 RNC/Node B 两层结构，完全由多个 eNode B（eNB）组成一层结构。eNode B 实现了接入网的全部功能。核心网包括服务网关（Serving-Gateway，S-GW）、移动性管理实体（Mobile Management Entity，MME）。

4. LTE 的关键技术

（1）多址技术。下行采用的是正交频分多址（OFDMA）技术，上行采用的是单载波 – 频分多址（SC-FDMA）技术。

（2）多天线技术。多天线技术的增益来源有复用增益、分集增益和天线增益。其下行 MIMO 技术支持 2×2（两发两收）基本天线配置，上行基本天线配置为 1×2（一发两收）。

（3）干扰抑制技术。OFDMA 和 SC-FDMA 多址技术使小区内干扰基本得到消除，因此大部分干扰都来自其他小区，所以在 LTE 系统中十分重视小区间干扰问题的解决。LTE 在 eNode B 间引入 X2 接口，以降低小区间干扰。

七、4G 的发展现状

考虑到成本和需求，4G 从热点城市和发达地区开始布网。当前，4G 已经首先覆盖热点和发达地区，未来我国将形成 2G、3G 和 4G 并存的局面，而不是简单升级替换。专家认为，3G 包括 2G 都不会被 4G 完全取代，三者将会长期并存。4G 面对的是高端的数据服务，是对 3G 的有效补充。在移动互联网快速发展的过程中，我国已经从 3G 网络时代逐渐进入 4G 时代，4G 网络为行业发展提供了新的动力，特别是随着移动终端设备技术的不断成熟，给 4G 网络提供了极大的发展空间。同时，电商的崛起以及移动支付的兴起，给 4G 网络带来了无限商机。4G 网络将毋庸置疑地成为未来移动互联的主导，于是，4G 网络安全问题也成了社会各界的关注焦点。与传统 GSM 网络以及 3G 网络相比，4G 网络无论是在网络质量以及通信速度方面，无疑都存在着巨大的优势。并且，4G 网络具有更大的灵活性，为移动终端提供了良好的使用环境，这也使得移动终端服务类型变得多元化，用户不仅仅可以通过 4G 网络进行基础通话，同时也可承载音视频服务等，促使服务立体化。4G 网络的普及是必然趋势，但为了让用户得到更好的服务体验，就需要基于 4G 网络的现状，对 4G 网络安全问题给予充分重视，并采取相关对策进行完善，以此获取一个良性的 4G 网络环境。

（一）4G 网络现状分析

1. 标准问题。从当前市场整体环境来看，4G 网络标准问题较为突出，其中最典型的问题便是 TD-LTE 与 FDD-LTE 之间无法兼容。TD-LTE 与 FDD-LTE 网络是 4G 网络的两种主流制式，但无法兼容，这种情况事实上使得 4G 网络及相关业务分成了两个大块，而对于用户而言则难以实现全球无缝隙漫游。尽管两种制式的网络各具优势，并且都有各自专门的运营商运营，但如果能够让两种网络产生交集，则必然能为用户提供更好的服务。同时，构建一套统一化的 4G 网络标准体系，对于 4G 网络的安全建设将带来十分重要的促进作用。

2. 市场问题。目前，市场上的主流移动网络还是 3G 网络，当然 4G 网络已经得到了一定程度的推广，但 3G 网络用户依然存在着较高比例。事实上 3G 网络虽可视为 4G 网络的支撑，但 3G 网络用户基数大，又给 4G 网络普及带来了一定程度上的制约。

3. 服务区域。在实际使用过程中，用户以无线链路的方式与实际网络连接，必然会受到天线的功率以及尺寸的限制，当区域内用户数突破了这个限制，便给小型终端的无线接入带来了恶劣的阻滞和干扰作用。若在 4G 系统中置入迷你基站，虽然可灵活架设，覆盖一部分信号盲区，但采取此种配置方式会使得服务区域出现多个重叠区域，也会随之产生一定的安全隐患。

4. 传输容量。虽然 4G 网络技术体系已逐步成熟化，但还是受到了传输容量的限制。以智能终端为例，整体速度其实受到了传输容量的约束，即当用户数量增多时，其速度也会下降。特别是 4G 业务的涵盖量较 3G 业务更大，业务则更大程度地受到频率资源的限制，如果移动终端设备无法达到相关传输速率标准或要求，将会制约 4G 网络的实际使用效果。

（二）4G 网络安全对策研究

1. 完善 4G 网络安全体系。为了得到一个稳定、健康的 4G 网络环境，就需要构建一个可靠的安全体系。这要求该体系能够独立于系统设备存在，可进行自主加密，系统具备自主安全控制能力。在体系逐步建立的过程中，会涉及安全结构模型的构建，以模型为主体向导，再结合实际需求环境对模型进行完善，从而实现安全目标。

2. 应用新密码技术。密码学的发展给 4G 网络安全建设提供了良好的技术支持，并且新型加密技术的应用面也逐渐拓宽，将新密码技术与 4G 网络进行融合，使得 4G 网络安全性得以提升。例如，采取量子密码技术、生物识别技术等，均可促使传输信息的完整性、可控性以及可用性得以提升。

3. 促使移动网络与互联网相匹配。保证移动网络与互联网的匹配性，使得移动网络与互联网相互兼容。在安全问题上移动网络可借鉴计算机网络，如网关服务器安全方面可以计算机网络安全方式构建，在服务器中置入入侵检测系统并装配防火墙等，对系统进行定期升级来弥补安全漏洞，甚至可采取物理隔离的方式来保护移动网络服务器，使其保持稳定的运行状态。

4. 提升用户安全意识。相关数据统计表明，我国移动网络用户数量近年来呈现不断上升的趋势，移动网络安全建设不仅仅涉及技术面与宏观管理面，同时也取决于用户自身的安全意识。因此相关部门应该普及通信网络教育，让广大用户群体能够了解相关知识，促使其安全意识得以提高。另外可结合用户需要，设定相关保密安全级别及安全参数。

4G 网络是未来移动网络重要的发展趋势，在不断普及化的过程中将为用户提供便捷及多元化服务，为使 4G 网络持续稳定运行，就需要不断加强相关安全建设，从技术面、管理面以及宣传面上对其逐渐完善。

论及移动通信的重要性，对于生活在信息化现代生活的人们来讲毫无疑问都会有一种感觉：移动通信现在是、未来更会是国家关键网络基础设施，也是推动国民经济发展、提升信息化水平的重要引擎。自 2013 年中国国务院发布了"宽带中国"战略实施方案，在宽带中国战略引导推动下，中国不断加快 4G、4.5G 甚至 5G 网络建设和研发，并取得了部分积极成效。例如，移动生产办公、移动电子商务、移动交通物流、智慧家庭等，信息化服务在不断得到催生和扩展，和我们的生活越来越不可分离。

据 2016 年 7 月国务院新闻办公室举行的新闻发布会所得数据和社会各大数据分析团体所得消息，截至 2016 年 6 月，中国移动 4G 用户数已达到 42854.1 万户，中国电信 4G 用户总数达 9010 万户，中国联通 4G 用户总数也调整为 7241.7 万户；4G 总基站数已达到 210 万个；4G 用户总数占移动电话用户的比例也达到了 44.7%；直至 2016 年年底中国移动 4G 渗透率将达到 60%，中国电信 4G 渗透率更是有望达到 80%。在大数据分析之下，4G 通信甚至 4.5G、5G 通信的快速发展已势不可当。

八、未来移动网络发展探析

4G 早已进入商用时代，人们对其的普遍认知度已较高，但又何为 4.5G 呢？在 3GPP 技术规范中，4.5G 被命名为 LTE-Advanced Pro，是移动宽带网络新的建设基准。对于现代生活来说，用户对网络的速度和容量提出了越来越高的诉求。据不完全数据分析，随着数据消费和用户数量的激增，到 2020 年，预计 67 亿 MBB 用户每人将消费 5GB 数据，较 2014 年增长 10 倍；未来 10 年，物联网也将获得指数级增长，这亦是重中之重。面对如此激烈的挑战，4G 已逐步显现乏力，4.5G 应运而生。

简单理解，对过去而言，4.5G 其实就是 4G 网络的演进；对未来而言，4.5G 也是 5G 网络最平滑的演进方式。相对于 4G 而言，4.5G 具有更大容量、更低时延、更多连接数的三大特点。4.5G 网络应用了高阶调制、多载波聚合、MIMO 等业界领先技术，网络速率和频谱利用率都得到了极大提升。举个典型例子，现有 4G 网络基本满足随时随地 1K 的高清视频体验，但对 4K/8K 超高清视频的支持乏力，而 4.5G 所带来的更大容量、更低时延将解决这些问题。华为无线营销运作部总裁邱恒也曾表示，4.5G 为整个社会带来的三大价值包括："Gbps"，助力用户获得极速业务体验；"体验 4.0"，实现无处不在的高清语音和视频；"连接 +"，将开启万物互联的世界，开拓新的商业空间。而 4.5G 的意义也在于可以最大限度利用 4G 设备和技术，同时面向 5G 做好网络准备。

2016 年是 4.5G 启动大规模商用之年，而根据通信业界的预测，并且即使到了 5G 时代，4.5G 也将会与 5G 长期共存。2015 年 12 月挪威 TeliaSonera 发布业界第一个达到 Gbit/s 的 4.5G 商用网络；2016 年 4 月，土耳其的三大运营商 Turkcell、Turk Telekom、Vodafone 更是同时启动了 4.5G 的部署，3 家运营商通过用户的快速迁移，在 45 天内实现了超过 1000 万用户的增长；而在 4.5G（TDD+）领域，包括中国移动、日本软银、沙特电信、澳大利亚 Optus、新西兰 Spark、斯里兰卡 Dialog 等领先运营商也迅速展开 4.5G 的商用或验证；多家芯片制造商已经推出了供终端设备使用的 4.5G 芯片；诺基亚日前宣布，已经与沙特电信（STC）签署合作伙伴关系，使用诺基亚的 4.5G 技术在沙特阿拉伯扩大高速移动宽带容量和覆盖范围等信息的传出，无不在显示 4.5G 已正式迈入商用时代。截至 2016 年 8 月，全球已经有 50 张 4.5G 网络，其中华为部署了 37 张，预计到 2016 年年底，全球 4.5G 网络数将超过 60 张，升级 eRAN11.1 站点数将超过 50W。

但实际商用过程并非一帆风顺，如在中国电信的新技术部署中发现，网络切片越多越利于网络的灵活性，但同时，切片带来资源利用率、切片的管理等诸多新问题，切片数量需要在资源利用率和网络灵活性间取得折中。所以目前诸多新型网络技术都仍需进一步与现实磨合，走出最合理的 4.5G 那一步。

如果说 4G 的发展开启了移动互联网新时代，那么未来 5G 将实现与垂直行业广泛、深度的融合，实现真正的"万物互联"。打个比方，如果 3G 网速是清风，4G 网速是暴风，那么 5G 网速应该就是龙卷风。随着 20Gbps 速度 5G 网络的临近，未来的生活将会发生哪些变化？

高通执行副总裁兼 QCT 总裁克里斯蒂安诺·阿蒙这样解释 5G 与 4G 的区别："5G 的强大在于为无线网络提供关键任务型服务的能力。无线连接随处可见，但很多关键任务型的服务仍依托有线连接。5G 的一个应用场景就是在无线网络中实现所需的高可靠性，并在工业和安全方面创造全新的业务。因为 5G 速率更快，时延更短，支持接入网络更多、密度更大，可靠性更高，才能为关键任务型的服务提供保障能力。"5G 同时也是 4.5G 技术的进一步升级和延伸。总结结论就是 5G 的三大特点：大数据、海量连接和场景体验，满足未来更广泛的数据和连接业务的需要，提升用户体验。进入 5G 时代后，智能制造、自动驾驶、交互式游戏等将成为常态，而人与物、物与物的无线互联也会产生重大突破。

我们可以做个小分析，诺基亚曾在展台做过一个展示：在一个车道模型里，如果伸手去挡一下其中的任何一辆车，这辆车就会自动刹车，其他的车也仍然井然有序，该减速的减速，该刹车的刹车，不受影响的车继续前进。而这样井然有序的交通，需要在 5G 这样的时延低，毫秒级的反应速度网络状态下，车辆反应才能快，同时，5G 网络容量大，即便车流量大，也仍然可以承载，才能杜绝交通事故。

在现实中，我们可以看看爱立信和瑞典的货车及巴士制造厂商 SCANIA 一起开发的车辆编队的解决方案。对于交通运输行业来说，油耗是成本是它们最关注的部分，降低风阻是降低油耗的有效办法。SCANIA 提出，卡车行驶中，两辆车之间保持的行驶距离越近，就越能减少风阻，从而降低油耗。所以，爱立信和 SCANIA 一起研发了一种解决方案，帮助货车之间相互交互，互相感知距离，控制运输车辆之间的车距。在现有的 4G 网络下，可以控制两辆车的车距在 25m 之间，如果能有 5G 的网络环境，车辆的距离可以控制在 3m 之内，更大限度地降低风阻。

我们现在就可以想象一下 5G 时代来临的场景。在庞大的足球场上，所有观众都可以用自己的手机连接上多个摄像机镜头，以满足随意切换视角的需求；当我们在外面工作或玩乐时候，可以用手机和家里的空调进行连接，在我们回到家之时就可以立刻享受到家里适宜的温度；当快速列车在还未到站的时候就可以告诉等车的乘客现在还有多少空座；当车辆在没有信号灯的街道快速穿梭时，却依然都那么的井然有序；甚至医生通过远程连接机器人就可以进行超高精度的手术，等等。

5G 的现实需求日益剧增，发展趋势也越发明显，多个国家和组织已提出于 2020 年进入 5G 商用时代，就让我们拭目以待吧！

第六章
摩拜单车中的物联网与云计算

摩拜单车，英文名 mobike，是由北京摩拜科技有限公司研发的互联网短途出行解决方案，是无桩借还车模式的智能硬件。人们通过智能手机就能快速租用和归还一辆摩拜单车，用可负担的价格来完成一次几公里的市内骑行。2016年 4 月 22 日，北京摩拜科技有限公司在上海召开发布会，正式宣布摩拜单车服务登陆申城。以倡导绿色出行的方式给世界地球日"一份礼物"。2017 年 1月 4 日晚，智能共享单车平台摩拜单车宣布完成新一轮（D 轮）2.15 亿美元（约合人民币 15 亿元）的股权融资。

第一节　摩拜单车概述

一、研发背景

坐出租车或者专车会占 10 个平方米的路面，但是骑自行车，只占 1 个平方米，这样就节省了 9 个平方米的道路占用，如果有 100 万人这样做了，就有 900 万平方米的道路被空出来。发达城市的人均道路面积本来就比其他不发达城市少很多，骑单车的效果可能比修更多的路来得更简单有效。此外，汽车每公里会产生 400 多克碳排放，而自行车只会排放十几克，汽车出行带来的废热、尾气排放是大家都意识得到的环境问题，从自己做起，骑车是个美好的选择。

生活在大城市的人，都能感觉到交通拥堵、空气污染等问题的困扰。而面对这些问题，大多数人是无奈的、冷漠的。这是一个公共问题、社会问题，这个问题的解决，不能仅仅靠运动式、活动式的倡导，也不能仅仅靠政府的规划制约甚至强制，也不能靠感动这种不持久的思维模式，而是要切切实实地引领一场生活方式的变革。摩拜单车现任 CEO 王晓峰说，经历过宝洁、谷歌（Google）、腾讯、优步（Uber）等二十多年的职业生涯，他想要更刺激而冷峻地解决一些实际问题，选择了这样的自行车项目创业，他觉得是很自然，且积极努力的过程。

北京摩拜科技有限公司是一家集互联网软件、智能硬件于一体的互联网科技公司。公司创立于 2015 年年初，总部坐落于北京海淀，在上海、江苏均有分部。

公司将 O2O 商业模式进行创新，与智能硬件相结合，解决人们交通出行的实际问题。公司的创始团队有着较丰富的外企 500 强及国内外顶级互联网企业的实战经历，并拥有丰富的智能硬件开发，物联网架构以及线下运营的经验。

北京摩拜科技有限公司利用创新技术让人们出行更便捷，对环境更友好，缓解交通压力。

摩拜单车是北京摩拜科技有限公司旗下的产品。摩拜单车产品旨在让用户无须亲自到固定点办卡，只需几分钟在手机上即可完成下载、注册、解锁、支付的全过程。还车时只需在路边白线内，手动关锁，无固定车桩。

全新设计的摩拜单车，坚固耐用，外形时尚，已成为城市一道靓丽的风景。

mobike 的源起：出行是人类最基本的需求之一。我们发现人们的这一需求，尤其是城市内短途出行需求，在目前并未得到很好的满足。所以我们创立了 mobike，来实现一个朴素的愿望——帮助每一位城市人以可支付得起的价格更便捷地完成短途出行。为了把这一朴素的愿望变成现实，我们选择了自行车这个最普及的交通工具，并采用创新的理念，结合互联网技术，重新设计了车身和智能锁，来让使用自行车完成出行变得更容易。我们同时也希望能让人们的出行更绿色，对环境更友好，并帮助减少交通拥堵，让我们生活的城市更智能更美好。

mobike 的愿景与使命：用人人可负担得起的价格提供共享自行车服务，使人们更便利地完成城市内的短途出行，并帮助减少交通拥堵，帮助减少环境污染，让我们生活的城市更美好。

二、服务优势

摩拜单车经过专业设计，将全铝车身，防爆轮胎，轴传动等高科技手段集于一体，使其坚固耐用，进而降低维护成本。定制的单车外形在街头有较高的辨识度。

使用摩拜单车智能手机应用，用户可以用自己的手机查看单车位置，继而预约并找到该车。通过扫描车身上的二维码开锁即可开始骑行，到达目的地后，在街边任意画白线区域内手动锁车完成归还手续。

摩拜单车摒弃了固定的车桩，允许用户将单车随意停放在路边任何有政府画线的停放区域，用户只需将单车合上车锁，即可离去。车身锁内集成了嵌入式芯片、GPS 模块和 SIM 卡，便于摩拜监控自行车在路上的具体位置。车身专为共享单车重新设计的，使用防爆轮胎，无链条的轴传动，全铝不锈车身，整个单车可达到五年高频次使用条件下无须人工维护的标准。经过设计的单车外观，时尚醒目，方便人们找车的同时，也是城市里一道独特的风景。

为了让人人都有单车可骑，摩拜单车定价为每半小时 1 元人民币，鼓励人们回归单车这种低碳的，占地面积小的出行方式，缓解交通压力，保护环境。

摩拜 lite 版（轻骑版），外观更加接近于普通单车；车身重量只有 17kg，相比现款摩拜单车 25kg 更轻；传动系统采用链传动，现款摩拜单车采用的是轴传动；听取用户诉求，增加了车筐；采用太阳能电池板发电，电池板位于车筐底部。

这次新发布的摩拜 lite 单车在外观上更接近目前的普通租赁单车，不过仍然保留着摩拜单车的元素。银色的铝合金车架搭配橙色的车轮，在城市中骑行回头率依然很高。相比现款的摩拜单车 25kg 的重量，摩拜 lite 重量更轻，只有 17kg，与一辆普通的单车相当。

新的摩拜 lite 单车更接近于传统单车而且在租赁费用方面也更便宜，半小时只需要 0.5 元，相比现款摩拜单车便宜了一半。

摩拜 lite 单车不再采用轴传动，而是采用链条传动，这也是车辆重量得到减轻的原因，预计骑起来也会更轻。车头听取了用户的意见增加了车筐，解决了更多人的需求。电池不再靠后轮供给，改用太阳发电，太阳能发点板布置在车篮底部。另外，摩拜 lite 座椅高低也可以调节了，但需要用到扳手，对于大部分人来说也还是相当于"不可调节"。

三、服务特色

1.摩拜单车无桩理念让用户的租车和还车更简单。

2.严谨的制造工艺让单车更加安全耐用。

3.经过设计的外观使单车易于识别。

4.手机应用软件使用过程流畅，老人与孩子也会操作。

5.受专利保护。

6.推动骑行文化，缓解交通拥堵，减少环境污染。

四、投资进展

2016 年 9 月，摩拜单车已经完成超过 1 亿美元的 C 轮融资，由高瓴资本、华平投资集团领投，多家机构跟投，包括红杉资本、启明创投和摩拜单车早期投资方。

2017 年 1 月 23 日，摩拜单车宣布与全球第一大科技制造服务企业富士康达成行业独家战略合作，新增五百余万产能，摩拜总产能超千万。双方将在单车设计生产、全球供应链整合等领域展开合作，此外，富士康也成为摩拜单车新的战略投资者。

2017 年 2 月 28 日，摩拜单车、招商银行宣布达成战略合作，未来双方将在押金监管、支付结算、金融、服务和市场营销等方面展开全方位合作。

五、使用方法

1.开锁：

随时随地，在线找车——打开 APP，即可看到身边的摩拜单车。

一键扫码，快速开锁——只需用摩拜单车手机应用扫码车头上或车锁上的二维码，车锁就会自动打开。

2. 城市白线，便捷还车：停车后手动合上车锁，自动结束计费。用户打开摩拜 APP，就可以查看附近可租用自行车的分布图、可以进行预约 15 分钟。找到自行车后，用手机扫二维码即可开锁骑车。骑行结束后将车辆停放在道路两侧可以停放自行车的区域，锁车即可完成使用。

3. 摩拜单车怎么退押金：摩拜单车 APP 中的押金随时可退，在我的钱包里，找到退押金按钮，点击后再确认，所缴纳的押金即退还至当时充值时使用的微信支付或支付宝账户里。

4. 摩拜单车充值的钱怎么退：摩拜当日在官方微博上给出回应，承认摩拜单车的确未设置"充值车费的退款选项"。但同时摩拜表示，APP 内有弹出"充值说明"提醒用户："充值车费只可用于骑行，不能退还"，以及摩拜单车用户可以选择 1 元起自定义充值。预充值余额会保留在用户账户名下，重新缴纳押金后，可以激活使用。

六、社会使用

2016 年 9 月 25 日，市民韩先生在五元桥附近搜索到一辆摩拜单车，使用 163 分钟后又停回原地，不料骑行消费高达 600 元。北京晨报记者搜索发现，像韩先生一样使用摩拜单车遭遇"天价车费"的不在少数。摩拜单车客服人员表示，系统已作出提醒：无论从何处取车，只要在服务区域外关锁，系统都会按每半小时 100 元收费。因韩先生首次使用摩拜单车且首次出现这种情况，可酌情办理退款。

七、已运营城市

上海、北京、天津、广州、深圳、成都、德阳、宁波、厦门、福州、武汉、昆明、南京、东莞、济南、佛山、珠海、长沙、合肥、汕头、海口、西安、南宁、南昌。

第二节 摩拜单车的技术支持

不久前，共享单车行业领导者摩拜单车全面接入微信，与腾讯战略合作升级。腾讯并购部总经理、腾讯投资合伙人李朝晖说出让许多人印象深刻的一段话：摩拜和微信战略合作的升级，钱永远最不重要，在这个过程中资本的纽带只是基础，上面的产品和服务才是我们最关心的，这也是微信首次连接共享单车物联网。

摩拜单车是共享单车行业举起"技术派"大旗的那一个，硬件、大数据、云计算、物联网等技术的成熟应用，给用户带去了新奇、优秀的用户体验，也获得了相关专家和业内人士的赞许。物联网时代和人工智能时代的竞争法则，早已不是以数量战取胜，而是在以技术严控成本和损耗，并给用户带去持续优化的用户体验。从哪一点来说，摩拜单车都非常符合新时代的竞争规则，也正因为技术成就了今天摩拜单车的行业领先地位。

有人说，互联网时代，人们的所有焦虑归根结底都是对时间的焦虑。又有人说，"时间"会成为商业的终极战场，帮助用户省时间的产品将最终胜出。摩拜单车物联网技术无疑正是帮助用户省时间的产品。共享单车玩家有很多，可提及共享单车大多数人第一时间会想起摩拜单车，便是因为摩拜最先以物联网等技术破解了人们出行"最后一公里"的痛点，让人们可以不用花费大把时间找车，也消除了费了一番力气找不到车而只把时间浪费的担忧，因为采用物联网、云计算和大数据技术，摩拜可以扫码开锁，在楼上就可以预约楼下、小区的单车，预约用车解决了人们的焦虑感。同时，人们还可以把时间和行程量化来规划找车路线，不至于有障碍物而近在咫尺"对面不相识"。

许多坚持"数量战"策略的共享单车企业，以车海战术增加单位面积投放，以空间换时间，以数量来弥补技术短板带来的诸多不足，比如骑行率低的问题——同样数量的车辆，没有 GPS 定位的产品骑行率远低于有 GPS 定位的共享单车。不过对物联网、大数据技术缺席不得不采取车海战术的共享单车企业来说，运营成本不断增加、损耗率居高不下、用户体验锐减等问题越来越严峻，共享单车的时间线越长，这种劣势也就越明显。

摩拜单车物联网、大数据技术带来了精细化管理、持续优化的用户体验以及更多的资源整合可能，这些都是摩拜单车备受资本青睐和各界看好的重要原因。摩拜单车接入微信后，将为9亿微信活跃用户提供独一无二的智能共享单车服务，从用户数量、忠诚度、市场份额、想象空间等诸多层面把对手远远甩在了后面。而这，无疑正是对新时代商业竞争法则的一次完美诠释。

第三节　摩拜单车的发展历程

2016年4月，摩拜单车在上海上线，在APP上实名注册，并缴纳299元保障金，即可租用。

2016年10月19日，摩拜推出轻骑版"mobike lite"，该车重量17公斤，每辆单车造价1000元以下，费用降为每半小时0.5元。

2017年2月28日，招商银行、摩拜单车联合宣布双方达成战略合作，在押金监管服务合作基础上，双方还将在资金结算、绿色金融、信用卡积分、零售客户资源共享以及物理网点停车服务等方面深入合作。

2017年3月8日，海口交警工会联合摩拜单车，在世纪公园举行了"绿色出行 共享文明"骑行活动，献礼"三八"国际劳动妇女节，参加共享单车骑行活动的有海口市公安局交通警察支队以及海口市文明交通志愿者共100人。

2017年3月13日，北青网报道，北京摩拜科技有限公司被北京工商海淀分局列入经营异常名录。摩拜单车回应称，公司搬迁后正在进行工商变更，该问题不会对业务造成实质性影响。

2017年3月21日，摩拜单车宣布在新加坡投入运营。

2017年3月29日，摩拜单车接入微信钱包九宫格。

2017 年 4 月 6 日，摩拜单车进驻枝江成全国首个引进共享单车县市，枝江市与摩拜单车科技有限公司签订战略合作协议。市领导刘丰雷、丁庆荣、黄芳帅、黄丹梅、刘青出席签约仪式。

2017 年 4 月 12 日，摩拜单车发起成立城市出行开放研究院，同时发布《共享单车与城市发展白皮书》；当日，摩拜单车正式发布行业大数据人工智能平台——"魔方"。

摩拜单车 14 日宣布，其日订单量已超过 2000 万。

摩拜单车人工智能大数据平台"魔方"显示，北京时间 4 月 13 日晚上 23 点 52 分 18 秒，摩拜单车当日第 2000 万个订单诞生，创下共享单车行业自诞生以来的历史新高。在这一秒内，共有来自北京、上海、广州、深圳、南京、武汉、成都、西安、福州、长沙及新加坡等地的 31 位用户骑行摩拜单车，共同完成了这一了不起的成就。

自去年 4 月底在上海正式推出以来，摩拜单车仅用了不到一年的时间，即实现了日订单量从 0 到 2000 万的高速成长，累计骑行次数超过 6 亿次。

摩拜单车随后宣布，将通过 APP 内部的"红包"功能，向国内的 30 位幸运用户每人赠送 2000 元人民币的可提现现金红包，并向新加坡的一位幸运用户赠送等值礼物。同时，本周五至周日（4 月 14 日至 16 日），摩拜单车全国各个城市的红包车最高额度将上调至 2000 元，以回馈数千万消费者的厚爱。

摩拜单车人工智能大数据平台"魔方"显示：在这 31 位幸运用户中，最年长的是一位来自北京的 59 岁阿姨，而最年轻的则是一位 19 岁的深圳女孩。而福州的一位小伙子骑行 2 分钟即获赠 2000 元现金红包，"赚钱"速度堪称一绝。

北京用户邢阿姨的工作地点在郊区，每天乘地铁加骑摩拜上下班。第一次看到摩拜单车时，她就想使用，手机数据流量却用光了，一位好心路人帮她扫描二维码、解锁单车。"世上还是好人多！"邢阿姨说，"现在我每天上下班都骑摩拜，也推荐很多身边的朋友使用。我是做工程的，觉得摩拜单车的设计特别好，共享单车这件事也特别有意义，给北京带来更多蓝天。"

成都用户小赵是四川大学的一名研究生，也是摩拜单车的重度用户，经常在校园内骑车，或是去市内各大公园游玩，累计骑行超过 100 公里。13 日晚，小赵骑车从实验室返回宿舍，这次骑行恰巧成为摩拜单车当日的第 2000 万单，幸运获赠 2000 元现金红包奖励。他认为，摩拜单车对用户投入很多，新款车型"很方便、很好骑"；它的出现方便了大众，确实对生活产生了积极影响。

一位来自新加坡的用户也成为了助力摩拜单车日订单量突破 2000 万的一员。上个月，摩拜单车经过缜密市场研究，与当地政府充分沟通后，正式落地首个海外市场新加坡，迈出了中国共享单车行业成功"出海第一步"。凭借独一无二的科技配置、卓越的外观设计、优秀的用户体验以及成熟的精细化运营模式，摩拜单车受到了新加坡政府和民众的热烈欢迎截至目前，摩拜单车已在海内外 50 个大城市提供服务，车辆投放总数超过 300 万辆，其中北上广深蓉津六大城市的投放量分别超过 10 万辆，车辆总数和车辆密度均领跑行业。

值得一提的是，近期新款摩拜单车升级版在全国各地城市同步推出，受到广大用户欢迎。新款摩拜单车在保留经典外观设计的同时，全面革新了传动系统，同等路程省力 30% 以上；搭配了结实耐用的车篮，并全行业率先配备了气动高度可调节车座，适应不同身高用户。

此外，摩拜单车 4 月 12 日推出全球首个出行人工智能大数据平台"魔方"，将在骑行模拟、供需预测、停放预测和地理围栏等领域发挥关键作用，这也是人工智能（AI）技术在出行领域的首次大规模应用；同时，摩拜单车联合全球顶尖智库和科研院所，成立国内首个城市出行开放研究院，共同推动智慧城市、低碳城市和健康城市建设。

致力于在北京打造数百间专业、便捷、智能会客厅的 WStudio 近日与摩拜单车达成合作，共同打造第一家摩拜主题会客厅。

4 月 13 日，成都市交通运输委员会与北京摩拜科技有限公司在蓉签署战略合作框架协议，共同推动成都城市慢行交通系统建设，推动智慧城市建设。

据了解，此次合作将充分发挥成都市交委在规划、政策、环境等方面的作用，依托摩拜科技在大数据挖掘、分析及资源整合等方面的优势，共同探索"互联网 +"交通运输的多向融合，共同加快城市智慧慢行交通系统建设，助推成都建设国家低碳试点城市。

早在 20173 月 3 日，成都市就正式出台《成都市关于鼓励共享单车发展的试行意见》，成为国内首家以政府规范性文件出台鼓励共享单车发展政策的城市。

"此次合作，双方将依据摩拜科技的数据分析优势，结合成都市交委海量的交通数据，协作搭建成都市交通大数据共享平台。"摩拜科技创始人、总裁胡玮炜介绍，这可为城市规划和交通规划提供有价值的数据参考依据。

根据摩拜单车的热力图等数据，可以准确掌握市民出行的热点区域，并探索智能共享单车和公共交通设施的无缝出行新模式，优化调整公交线网及站点，为市民利用公共交通出行创造更好的条件；同时也有利于科学规划设置共享单车停放点位，解决停放点位数量和规模与实际停放需求不相匹配的问题，加强共享单车停放秩序的规范管理。

随着摩拜共享单车的大热，"共享经济"一词进入人们的视野，从打车软件到空中民宿，从移动空间到共享单车，共享经济逐渐影响了每个人的生活方式。有业内人士称，共享资源其实就是用廉价享受优质资源与便利，让共享资源和共享经济创造了无限可能。

最近，WStudio推出了一款在城市定制移动、分时预约会客厅的APP，把共享经济玩出了新花样，让共享空间不再限于时间和地域。WStudio在北京定制了上百个便捷、精细、智能化的专业会客厅，用户只要借助WStudio的APP客户端，就能够一键找到可用的共享空间，可实现无障碍解锁，即订购即享受。

WStudio颠覆传统办公会议形态，为北京918万名白领提供更加舒服、便捷、专业的会议空间，即时预订，分时付款。WStudio的每间会客厅都配有齐全设备：40寸大屏电视、白板、独立WiFi，智能门锁，未来将实现远程调控空间温度、湿度等智能化操作。WStudio创造了动感和科技兼备的会客空间，引领新型的办公方式。

WStudio为无界空间内部孵化的创新业务，计划在北京定制上百个专业会客厅，负责该业务的团队成员2/3为前Uber员工以及藤校优秀毕业生。目前，无界空间新店使用面积约1000平方米，可提供189个工位，会议室、茶水间、休闲区域，配备齐全，应有尽有。

第四节　摩拜单车发展面临的矛盾问题

通过共享自行车解决区间接驳确实可以极大地缓解交通压力并提高出行者的通勤效率。人的运输和物流运输一样，同样遵循"分段运输、主干优先、分级集结、降维（运输工具）扩散"的规律，一竿子插到底反而不一定是效率最高的，建立和地铁、公交、私车相匹配的共享自行车系统，可以有效填补末端缝隙交通的边际需求，形成有效闭环，反过来可以降低对上一维度交通工具的依赖，显然这个模式是能够成立的（暂且不论商业模式）。

反过来我们分析有些共享自行车系统运行不起来或者利用率不高的原因是什么？取车还车手续不够便捷，支付结算不便利或者免费使用导致缺乏持续的投入保证，整个系统的健康性，空气质量差导致大家不愿意跟在机动车后面吸尾气，维护跟不上导致不好骑，网点密度不够导致有效供给不足从而需求被满足的概率较低，出行者的选择预期大幅下降。这些因素的存在导致当整个共享系统的网点密度或网络效应低于某个临界值时，系统的利用效率被低预期的使用动机人为压低了。

站在资本的角度看，不仅需要看摩拜单车如何解决以上这些问题，更需要关注另外两个点。

第一，如何有效"插桩"以避免巨头（滴滴）进场收割？这一点可以参照前两年拼车和代驾领域的竞争格局。我记得一个未必准确的数据，2014年第一季度，全国打车次数为60亿次，而同期移动支付的比数为6亿次，如果能够通过切入打车环节并成功切入支付环节，对移动支付习惯的推动将是革命性的，现在来看，就不难理解阿里、腾讯等支付巨头为什么要战略入局这个重金烧钱的领域了。那么，如果自行车出行作为城市交通出行闭环中的一个场景，如果这个场景的量级也不可忽视，巨头们估计也不会放过吧（当然也可以战略投资摩拜）？不论如何，在网络效应的壁垒（规模壁垒）没有建立之前，如何有效"插桩"以防止横向狙击是个很重要的命题，如果没有有效的解决方案，可以预期，接下来比拼的是融资能力，那么同样可以预期，有闲工夫又爱运动的小伙伴们有一拨赚零花钱的机会了，骑着平台提供的单车还可以拿补贴。

第二，如何用强大的未来盈利预期获得足够的资本战略耐受性以支撑前期的烧钱获客阶段？说到底，自行车只是个工具，相应的APP也只是这个工具的附件（也只是工具），如何将通过这个工具收获的海量用户（如果有的话）变现是个问题，现在虽然可以不考虑，但未来不能不考虑以支撑潜在投资方的投资逻辑。如果自行车这个场景本身不能赚钱，那么就得延伸至其他场景寻找盈利的模式。车身广告或者押金所形成的资金池也许可以做点文章，又或者进一步延伸至其他租车场景（已经是红海）？

对于互联网项目来说，流量机制和变现机制是至关重要的两个点。当然，当流量机制足够坚挺以能够实现战略级的流量卡位时，变现机制的问题可以暂时搁置，比如滴滴。那么，流量机制的坚挺取决于什么呢？取决于需求的刚需程度以及网络效应所带来的流量锁定效应。就打车和自行车这两个场景从终极状态或者均衡状态来说，用户对摩拜单车的依赖是否和对滴滴的依赖达到同样的强度，取决于整个目标群体在面临打车（包括快车等）和骑车两个选择时，做出某种选择的动机强度，而这种动机强度取决于用户在具体场景下对资源可获得性、成本、空气舒适度、距离长短、到达时间等多个因素的综合考量。这个问题的总体统计结果虽然在事前无法以理性或计量的方法得出结论，但最终一定会以群体投票的方式呈现整个社会群体的偏好（当然也包括了这个群体的整体素质及意识）。

就网络效应所带来的流量锁定效应而言，自行车和打车也有一个本质的区别，那就是打车的场景用户是随上随下的"布朗运动"，用户下车就直接将车辆资源交还给了司机，而自行车场景里面除了"布朗运动"以外还有一部分是取车点和交车点合一的"钟摆式运动"，这在一定程度上削弱了网络效应对流量的锁定，从而容易导致多家平台同时运行的情况，从而减缓了某个领先平台一统江湖的内在动力。假设这一推断是合理的，那么共享自行车市场可能未必单纯能够以烧钱的方式将网络效应打到某一个临界的拐点，从而实现黑洞效应般的用户迁移和流量收割。

无论如何，以一种商业运营（而不是公益）的方式运营一个网络级的自行车共享系统绝对是一个非常值得推进的方向，只是以上这些问题是摩拜迟早要考虑的问题。摩拜目前的模式显然比当年的滴滴要重得多，如何把坦克跑出保时捷的速度是很关键的。不过反过来说，既然自行车共享这么重，滴滴们也未必要撸起袖子亲自去干。一切都还未定！

第七章
物联网产业发展与未来影响

俗话说"没有规矩，不成方圆。"古人早已深谙其中的道理。秦始皇灭了六国，建立秦朝后，便统一了文字、货币、度量衡。拿破仑戎马一生，他在临死前说："我的伟大不在于我曾经的胜利，滑铁卢一战已使它随风而去，我的伟大在于我的法典，它将永远庇护法兰西的人民享受自由。"源远流长的标准化为人类文明的发展提供了重要的技术保障，早在 2000 年，欧盟、美国、加拿大等发达国家和组织纷纷制定各自的标准化国家发展战略，以应对因经济全球化给自身带来的影响。

第一节　物联网标准体系

一、物联网标准的组成

标准的实质是一种统一，它是对重复性事物和概念的统一规定；标准的任务是实现规范，它的调整对象是各种各样的市场经济客体。从某种意义上说，标准具有鲜明的法律属性。它和法律法规一起共同保障着市场经济有效、正常运行。另外，经济全球化浪潮使标准竞争上升到了战略高度。

物联网具有高度创造性、渗透性和带动性，不仅在工业、农业、环境、医疗等传统领域具有巨大的应用价值，还将在许多新兴领域体现其优越性，如家居、健康、智能交通等领域。随着物物互联支撑技术的发展，物联网将成为推动经济发展与社会和谐的强大动力。

物联网作为信息技术前沿领域，将改变人们未来的生活方式，对国家安全、经济和社会发展产生重大影响。它是继以计算机为主体的信息处理、以互联网和移动蜂窝网为代表的信息传输及信息处理融合之后，新一轮的全面融合信息获取、处理和传输的信息产业化浪潮的原动力。

物联网标准的制定是物联网发挥自身价值和优势的基础支撑。由于物联网涉及不同专业技术领域、不同行业部门，物联网的标准既要涵盖不同应用场景的共性特征以支持各类应用和服务，又要满足物联网自身可扩展、系统和技术等内部差异性，所以物联网标准的制定是一个历史性挑战。

物联网标准是由一个标准簇组成，包括通信协议、物理接口、数据接口、信息安全和网络管理等多项内容。本节主要介绍物联网标准的组成、标识技术、媒体访问控制协议、无线频谱分配的问题。

（一）物联网的标准组成

物联网的标准，首先要做的就是物联网通用规范的制定。物联网的基本架构可分为感知层、网络层、应用层，这仅仅是物联网架构的雏形，还要参考众多的技术标准和实际应用经验，完善这个框架。

在物联网的推广过程中，需要统一定义物联网内部的术语和指令，以实现物联网在全球内快速、广泛的无障碍发展。作为全球信息产生和收集的基础架构，物联网是一个更好的、值得信赖的网络。为此，要进一步开发具有国际质量的、完整的物联网标准，以确保数据的可信度，并能够追溯其来源。物联网标准主要分为两层，分别是基础平台标准和应用领域标准。

（二）标识技术

在物联网的应用中，需要不断讨论全球的物体标识方案、身份编码/加密、身份管理、匿名管理、当事人的身份验证等管理技术，也要发展身份标识、身份验证、物联网应用服务发现等标识应用。

标准的设计应该支持广泛的应用，也应该适用于广泛的行业范围，还要满足环境、社会和每个公民的需要。通过与多个利益相关者协商，可以构成标准的语义数据模型和实体，生成通用的接口与协议，在抽象的层面上进行初步定义。

（三）媒体访问控制协议

在物联网信息采集和交互的过程中，物理层和 MAC（媒体访问控制）层的构建尤为重要。物理层为设备之间的数据通信提供传输媒体及连接设备，为数据传输提供可靠的环境。在传输过程中，物理层要形成适合数据传输的实体，为数据传送服务。一是要保证数据能在其上正确通过。二是要提供足够的带宽，以减少信道上的拥堵。传输数据的方式能满足点到点、一点到多点、串行或并行、半双工或全双工、同步或异步传输的需要。MAC 主要负责控制与连接物理层的物理介质。当发送数据时，MAC 协议事先判断是否可以发送数据，如果可以发送，将给数据加上一些控制，最终将数据及控制信息以规定的格式发送到物理层；当接收数据时，MAC 协议首先判断输入的信息是否发生传输错误，如果没有错误，则去掉控制信息，发送至逻辑链路控制层。

（四）无线频谱分配

物联网标准的设计要考虑效率、具体的能源消耗和网络容量，还有其他的系统参数，比如关于限制频率带宽和无线电频率通信功率水平的现行规定。随着物联网的发展，必须重新考虑这些管理上的限制和研究方法，以保证足够的发展能力，比如寻求更多可用的无线频谱分配方法。

当这些组织或个体能分享或交换信息的时候，标准使得它们做这些更加有效，降低交换信息的模糊度；标准同样关注频谱的分配、辐射的功率等级、通信协议等，它也管理着物联网和其他射频用户的互操作，包括移动电话、广播、应急服务等。随着物联网规模的扩大，这些标准都需要开发出来，通过数字交换技术，也有可能获得附加的频谱。

目前投入物联网相关整体架构研究的国际组织有欧洲电信标准研究所（ETSI）、国际电信联盟（ITU）、国际标准化组织、国际电工协会（ISO/IEC）等。

二、物联网标准体系分类

物联网产业不是单纯的传感器制造业，而是一个包括制造、传感、传输、智能处理和应用服务等众多环节的生态集成技术环境。RFID 标准争夺的核心主要在 RFID 标签的数据内容编码标准这一领域。目前，应用较广的是 EPC 合 1OL 两大标准。由于是由北美 UCC 产品统一编码组织和欧洲 EAN 产品标准组织联合成立的，得到了零售巨头沃尔玛、制造业巨头强生等跨国公司的支持，因此其实力相对占上风。因此，物联网标准牵涉众多行业，内涵十分丰富，体系非常复杂。物联网标准体系可以从多方面进行分类。

（一）从标准类别看，RFID 标准可分为四类：

1. 技术标准（如 RFID 技术、IC 卡标准等）；

2. 数据内容与编码标准（如编码格式、语法标准等）；

3. 性能与一致性标准（如测试规范等）；

4. 应用标准（如船运标签、产品包装标准等）。

（二）从层次看，RFID 标准可分为三类：

1. 物联网底层技术标准（包
括如频率、调制方式、接口标准等）；

2 物联网网络层的标准（包括增强的 M2M 无线接入和核心网标准、物联网与互联网融合标准、网络资源虚拟化标准、异构融合的移动网标准等）；

3 物联网运营管理层的标准（包括用户认证、业务流程、业务标识等语法和语义）。

三、中国物联网标准化建设原则

物联网应用跨越多个行业部门，物联网系统也涉及各种各样的技术领域，物联网标准体系的建设必须进行战略思考、顶层设计、统筹安排，这就必须确定一些标准化建设的基本原则。当前，主要有以下六大原则：

（一）坚持自主创新与开放兼容相结合的原则

发展 RFID 技术与应用是一项复杂的系统工程，涉及众多行业和政府部门，影响社会、经济、生活的诸多方面，需要在广泛开展国际交流与合作的基础上实现自主创新。要力主 RFID 技术在若干核心技术领域达到国际先进水平或国际领先水平，同时又要积极学习和吸收国际上的先进技术和先进经验。特别要注重和国际标准化组织及机构的对接，以及与国际标准化组织及机构的学术交流。要及时把握创新信息，这样制定出的标准才有战略上的前瞻性、技术上的先进性、应用上的共享性，才能有成为国际标准的可能。

（二）坚持顶层设计的原则

早在2001年，中科院计算所的科学家团队就提出了"加强顶层设计"的概念。在制定物联网的技术标准中引入顶层设计的原则，有以下两层含义：

1. 标准的设计要从整体和全局的视角入手，进行战略性思考。站在全国互联和全网通用的整体高度上，分析、决定 RFID 具体标准的内涵，以及内容、格式、接口、协议上各不相同的互操作和系统之间的接口兼容，防止新的"信息孤岛"出现。

2. 顶层设计中要分析应用系统的业务可行性与利益关系。根据经验，顶层设计的成功与否与业务领域的事情有关，尤其是与业务领域相关的那些工作。应用系统开发失败的教训一再揭示正确全面描述用户需求、尽力满足用户需求的顶层设计就是用信息工程的方法。

（三）坚持提升安全机制的原则

物联网标准建设中，安全问题远比互联网复杂得多。突出表现在以下三个方面：

1. 安全威胁由网络世界延伸到物质世界。物联网可以将洗衣机、电视、微波炉等家用电器连接成网，并通过网络进行远程控制。这是一种便捷，但随之而来的是安全威胁也由网络延伸到物质世界。这就是说信息安全威胁将走进我们的生活，形成对物理空间的安全威胁，这就极大地加大了我们应对物联网安全防范的范围和治理的难度。

2. 安全威胁由网络扩展到众多节点。物联网应用中遍布的传感节点，用以感知和监测不同的环境状态，来表征不同环境的状态。很多节点具有暴露性或被定位性，这就为外来入侵者提供了场所和机会。当成千上万条被感知信息传输时，节点信息的安全性显得相当脆弱。标准必须确保这些感知数据在传输过程中得到强大而有效的安全保护。

3. 安全威胁由物联网自身放大到云服务体系。随着传感器和电子标签的广泛应用，云计算技术也当仁不让地成为物联网发展的技术支撑和服务支撑。但是，云计算的中央服务器集群一旦出故障，对所有连接客户的终端服务将中断。不仅如此，云端恶意拦截也更具蒙蔽性。

在标准建设中，还有一个十分重要的问题就是要保护用户的隐私。这一切表明：物联网的安全威胁不仅是严重的，而且是现实的、急迫的，必须在标准建设中考虑到这种复杂性，采取有力措施，加以解决。

（四）坚持国际合作的原则

中国既要有拥有自主知识产权的物联网标准，努力争取将中国自主标准上升为国际标准，或将拥有中国自主知识产权的技术纳入国际相关标准中，同时也要坚持对外开放，加强国际合作，允许国际通用行业标准与特定领域自主标准共生共荣，还要积极关注物联网国际标准化建设中的新技术、新动向、新进展。

中国要特别注重、加强和国际标准界的交流和合作。目前，中国已与欧盟就如何推动物联网的标准化工作达成了共识，成立了中欧合作的物联网专家组，共同开展相应的标准专题研究，共同建设安全、自主、可控、可管的物联网。

（五）坚持民用标准与军用标准兼容的原则

由于物联网在军事上有着广泛的使用前景，因此，在中国物联网标准体系的建设中，应坚持民用标准与军用标准兼容的原则。成立全军 RFID 标准化工作委员会，负责建立我军 RFID 技术标准体系，研究制定 RFID 在军事侦察、军事装备、军事物流、军事营地等领域的分类原则、指标体系、信息编码代码标准和规范，以及与我军现有信息系统的集成和融合，与新一代互联网的对接和融合等标准，以利于军民一体物流的实现和军事动态运营能力和控制能力的提升。

（六）坚持注重当前应用兼顾长远发展的原则

注重当前应用兼顾长远发展是物联网标准建设中必须坚守的一条重要原则。标准制定的周期很长，不注重这一点，标准生效了，但技术发展了或应用环境有了较大变化，标准就不能适应这种变化的情况。

因此，标准建设中需要有一定的前瞻性思考。特别是当前我们正处在 IPV4 向 IPV6 或 IPV9 的转换期，物联网标准应考虑到 IPV4 码址资源枯竭以后，网络运营环境的变化，不仅应做出接口预留等相应的前瞻思考，而且应该在新一代互联网的试验网络上进行标准应用的试用，以便考查标准的实用性和适用性。

第二节　物联网技术的发展

经过过去几年的技术和市场的培育，物联网即将进入高速发展期，它是继计算机、互联网与移动通信网之后的又一次信息产业浪潮，是一个全新的技术领域，同时也给 IT 和通信等领域带来了广阔的新市场。

一、物联网关键技术的发展

从物联网关键技术角度看，物联网产业发展还面临一定的关键技术挑战，包括感知识别技术、通信组网技术、计算处理技术及服务提供技术，下一代关键技术突破和新系统集成技术将有利地推动物联网产业的良性发展。

（一）感知识别技术的发展

感知识别技术由两部分组成，分别是传感器网络技术和 RFID 技术，为实现物联网感知互动层的功能提供技术支撑。

1.传感器网络技术的发展。微电子、无线通信、计算机与网络等技术的进步，推动了低功耗、多功能传感器的快速发展，使其在微小体积内能够集信息采集、数据处理和无线通信等多种功能于一体，从而推动了传感器网络技术的发展。

传感器网络的关键技术包括网络协议、定位技术、时间同步技术、数据融合、数据管理、嵌入式操作系统和网络安全等。与传统网络的协议设计相比，传感器网络协议设计的侧重点在于能量优先，基于局部拓扑信息，以数据为中心，面向应用，因此，定位技术、数据融合、数据管理是传感器网络技术的特色。

2.RFID 技术的发展。RFID 技术的研发和应用为物品的自动识别提供了系统解决方案。RFID 应用系统由 RFID 标签、RFID 读写器和 RFID 数据管理系统组成。RFID 技术已经成功应用于物流业、零售业、制造业、医疗卫生、公共交通、机场、医疗、资产管理、身份识别等领域。

以零售业为例，采用 RFID 系统可以自动完成采集物品名、编码、单价、数量信息等工作，避免人工查看货物的各种信息，从而节省劳动力成本。如果将 RFID 技术广泛应用于大规模物流系统中，RFID 技术为传统物流业改造所带来的经济与社会效益将十分可观。

总之，RFID 技术的发展促进了物品的自动识别技术的成熟，为让"物品自动开口说话"的物联网应用提供了技术基础。

（二）通信组网技术的发展

通信组网技术主要包括网络相关技术、网络通信技术，为实现物联网网络传输层的功能提供了技术支撑。

1. 网络相关技术的发展。在将来的推广与研究中，还需要进一步关注通过物体的文化基因传播信息的问题和物体的身份、关系和声誉管理等问题。物联网必须内置交通阻塞管理，可以感知和管理信息流，检测溢出，为时间危急和生命危急型数据流实施资源预留。物联网应用系统运行于互联网的核心交换结构之上，不仅扩展了网络服务功能，也丰富了网络接入手段。

网络管理技术需要具有对基础的无缝网络的深度洞察能力，该技术服务于应用和网络，检查执行在网络上的进程，这些管理方式与具体的协议和设备无关。这就要求能够在服务响应时间内识别突然的过载问题，并解决问题，监视 IOT 和 W 芒 L 应用，识别"黑客"的任何攻击，同时能从远程应急中心远程连接和管理涉及特定应用的所有"物"。

20 世纪的今天互联网已经成为人们日常工作和生活的重要部分。互联网已经成为全球最大的互联网络，也是最有价值的信息资源库。互联网为人们提供的服务包括浏览网页、收发邮件、传输文件等。网络技术发展的最重要意义是促进了计算机网络、电信通信网与广播电视网在技术、业务和产业上的三网融合。三网融合形成的高性能、全覆盖的通信网络将为物联网的发展提供基础设施。

2. 网络通信技术的发展。移动通信技术包含的内容十分丰富，主要分类方法有三种。按照使用环境分类，移动通信可以分为陆地移动通信、海上移动通信和航空移动通信；按服务对象分类，移动通信可以分为公用移动通信和专用移动通信；按通信系统分类，移动通信可以分为蜂窝移动通信、专用调度电话、个人无线电话和卫星移动通信等。

随着物联网应用的逐渐推广，网络通信成为物联网信息传递和服务支撑的基础技术。面向物联网的网络通信技术主要解决异构网络、异构设备的通信问题，以及保障相关的通信服务质量和通信安全，如近场通信认知无线电技术等。

移动通信网、下一代互联网、传感器网络等都是物联网的重要组成部分，这些网络以网关为核心设备进行连接、协同工作，并承载各种物联网的服务。随着物联网业务的成熟和丰富，移动性支持和服务发展成为网关设备的必要功能。通信不仅为物联网应用提供持续、可靠的数据传输服务，也是实现物联网泛在化特征的重要基础。同时，通信是物联网产业链上的重要一环，存在着重大的产业发展机遇。

（三）计算处理技术的发展

计算处理技术主要包括云计算技术、数据库技术、多媒体技术、虚拟现实技术，为实现物联网应用服务层的功能提供技术支撑。

1. 云计算技术的发展。云计算是互联网计算模式的商业实现方式。在互联网中，成千上万台计算机和服务器连接到专业网络公司搭建能进行存储、计算的数据中心，形成"云"。

云计算是一种新的计算模式。云计算针对物联网需求特征的优化策略和个性化服务，以智能服务组合的形式体现。对云计算所面临的安全威胁进行防御，可以从七个方面加以考虑。

（1）云计算上不同形式的拒绝服务或恶意使用，这需要在系统层面、应用层面和网络层面等建立起完善的抗拒服务的能力。

（2）云计算是外包的形式，是多方交织在一起的计算形式，所以需要企业之间经过合同团队、律师团队的共同工作，编写出更仔细、更容易度量和更容易考核的标准。

（3）云是基于 W-L 的计算形式，如何保证 W-L 的主流应用、主流系统、主流平台的漏洞得到及时的公告、修复，以及与用户保持流程的畅通，将是云服务所面临的新挑战。

（4）云计算时代如何保证数据安全。

（5）如何优化电子证据和审计系统，以保证数据是完全不同的审计主体存放，这将对安全审计、云的合同及采购等构成新的挑战。

（6）继续加强云计算应用生命周期的安全投入。

（7）加强供应商的安全管理，在云时代，安全管理不仅局限于人机之间、人人之间，更多的是机对机的应用，因此如何保证供应商云开发过程的安全，显得尤为重要。

2. 数据库技术的发展。目前，传统数据库技术与其他相关技术结合，已经出现了许多新型的数据库系统。典型的代表包括分布式数据库和并行数据库。分布式数据库是传统数据库技术与网络技术相结合的产物。分布式数据库是物理上分布在网络各节点上，但在逻辑上属于同一系统的数据集合，它具有局部自治与全局共享性、数据的冗余性、数据的独立性、系统的透明性等特点。

并行数据库是传统数据库技术与并行技术相结合的产物，在并行体系结构的支持下，实现数据库操作处理的并行化，以提高数据库的效率。按照并行数据库的思想设计数据库系统可以提高大型数据库系统的查询与处理效率。

随着海量数据查询处理、大型并行计算机系统和数据挖掘算法的日趋成熟，数据仓库和数据挖掘的研究与应用成为当前数据库技术领域的重要方向。数据仓库和数据挖掘技术采用全新的数据组织方式，对大量的原始数据进行加工、处理，找出数据之间的潜在联系，提取有用的信息，促进信息的传递。

如何经济、合理、安全地存储来自传感器等终端设备的海量数据，是实现物联网应用系统的一个重要挑战。各种新型数据库系统和数据库技术的涌现，必然会提高物联网应用系统处理和利用数据信息的能力。

3. 多媒体技术的发展。多媒体技术是计算机以交互方式综合处理文字、声音、图形、图像等多种媒体，使多种媒体之间建立起内在逻辑连接的技术。

在 20 世纪 90 年代，个人计算机运算能力、存储能力的快速提高和 3D 软件的成熟，使得一大批高清晰度电视、高保真音响、高性能摄像机和照相机纷纷推出。这些产品和相关技术交叉融合，推动了多媒体技术的快速发展。

多媒体技术主要具有集成性、实时性和交互性三个主要特点。多媒体技术的集成性表现在多媒体信息是声音、文字、图形、图像与视频的集成。多媒体技术的实时性是指多媒体系统必须具备对存在内在关联的声音、文字、图形、图像与视频信息有实时、同步的处理和显示能力。多媒体技术的交互性是指用户不仅仅是简单、被动地观看，而且能够介入多媒体信息的处理过程之中。具有丰富的信息交流手段是人类共同的需求，采用多媒体技术可以使物联网感知现实物理世界的手段更丰富、形象、直观。

4. 虚拟现实技术的发展。虚拟现实是计算机图形学、仿真技术、多媒体技术、人工智能技术、计算机网络技术、并行处理技术和多传感器技术相结合的产物。虚拟现实技术模拟人的视觉、听觉、触觉等感官功能，通过专用软件和硬件，对图像、声音、动画进行整合，以数字媒体作为载体给用户展现一个虚拟世界。

虚拟现实的关键技术包括以下几方面：

（1）环境建模技术。虚拟环境建立的目的是获取实际环境的三维数据，根据应用的需求，利用获取的三维数据建立相应的虚拟环境的模型。

（2）立体声合成和立体显示技术。在虚拟现实系统中，必须解决声音的方向和用户头部运动的相关性问题，以及在复杂的场景中实时生成立体图像的问题。

（3）交互技术。虚拟现实中的人机交互远远超出了键盘和鼠标的传统模式，需要设计数字头盔、数字手套等复杂的传感器设备，解决三维交互技术与语音识别、语音输入技术等人机交互手段的问题。

（4）触觉反馈系统。在虚拟现实系统中，必须解决用户能够直接操作虚拟物体，并感觉到虚拟物体的反作用力的问题，从而使用户产生身临其境的感觉。

虚拟现实技术突破空间、时间及其他客观限制，使用户感受到真实世界中无法亲身经历的体验，极大地增强了人类模拟现实世界的能力，是物联网应用服务的重要支撑技术。

二、物联网网络安全与隐私技术发展

信息和网络安全是物联网实现大规模商业应用的先决条件。物联网作为一个应用整体，各个层独立的安全措施简单相加，不足以提供可靠的安全保障。而且，物联网与几个逻辑层所对应的基础设施之间，还存在许多本质的区别。

物联网在发展运行过程中，要确保用户操作的简单与安全，以使用户能够在充分享受物联网成果的时候，也能避免任何安全隐私方面的风险。

物联网安全技术的研究包括物联网网络安全技术策略和隐私问题等。在这种背景下，通信方式需要改变，需要新的无线电和设备架构，去适应新型设备的连通性要求。因此，对物联网的发展需要重新规划，对物联网的感知层、网络层和应用层三个层次分别制定可持续发展的安全架构，使物联网在发展和应用的过程中，安全防护措施能够不断完善。

（一）感知层安全

在物联网中感知信息进入网络层之前的传感网络可以看作感知层的一部分，感知信息要通过一个或多个传感节点才能与外界网连接，这些传感节点也称为网关节点。所有与传感网内部节点的通信都需要经过网关节点与外界联系，因此在物联网的传感层，只需要考虑传感网本身的安全性即可。

1. 感知层的安全挑战

（1）若传感网的网关节点被攻击者控制，可能导致安全性全部丢失。如果攻击者掌握了一个网关节点与传感网内部节点的共享密钥，那么它就可以控制传感网的网关节点，并由此获得通过该网关节点传出的所有信息。但如果攻击者不知道该网关节点与远程信息处理平台的共享密钥，不能篡改发送的信息，只能阻止部分或全部信息的发送。若能识别一个传感网被攻击者控制，便可以降低甚至避免由攻击者传来的虚假信息所造成的损失。

（2）若传感网的普通节点被攻击者控制，即攻击者掌握节点密钥，攻击者的目的可能不仅仅是被动窃听，还可能通过所控制的网络节点传输一些错误数据。因此，传感网的安全需求应包括对恶意节点行为的判断和对这些节点的阻断，以及在阻断一些恶意节点（假定这些被阻断的节点分布是随机的）后，网络的连通性如何保障。

（3）传感网的普通节点被攻击者捕获，但由于没有得到节点密钥，而没有被控制。攻击者可能会鉴别节点种类，比如检查节点是用于检测温度、湿度还是噪声等，有时候这种分析对攻击者是很有用的。因此安全的传感网络应该有保护其工作类型的安全机制。

（4）传感网的节点（普通节点或网关节点）受来自网络的 DOS 攻击。因为传感网节点通常资源（计算和通信能力）有限，所以对抗 DOS 攻击的能力比较弱，在互联网环境里不被识别为 DOS 攻击的访问就可能使传感网瘫痪。网络抗 DOS 攻击的能力应包括网关节点和普通节点两种情况。

（5）接入物联网的超大量传感节点的标识、识别、认证和控制问题。传感网与外部设备相互认证是必需的，而传感网资源有限，因此认证机制需要的计算和通信代价都必须尽可能小。对互联网来说，其连接传感器的数量可能是一个庞大的数字，如何区分传感网及其内部节点，有效地识别它们，是安全机制能够建立的前提。

2. 感知层安全需求应对策略。感知层的安全需求可以总结为如下几点：

（1）机密性。多数传感网内部不需要认证和密钥管理，如统一部署的共享一个密钥的传感网。

（2）密钥协商。部分传感网内部节点进行数据传输前需要预先协商会话密钥。

（3）节点认证。个别传感网（特别当传感数据共享时）需要节点认证，确保非法节点不能接入。

（4）信誉评估。一些重要传感网需要对可能被攻击者控制的节点行为进行评估，以降低攻击者入侵后的危害程度（某种程度上相当于入侵检测）。

（5）安全路由。几乎所有传感网内部都需要不同的安全路由技术。

3. 感知层的安全架构。了解传感网的安全威胁之后，就容易建立合理的安全架构。在传感网内部，需要有效的密钥管理机制，用于保障传感网内部通信的安全。传感网内部的安全路由、联通性解决方案等都可以相对独立地使用。由于传感网类型的多样性，很难统一要求有哪些安全服务，但机密性和认证性都是必要的。机密性需要在通信时建立一个临时会话密钥，而认证性可以通过对称密码或非对称密码方案解决。使用对称密码的认证方案需要预置节点间的共享密钥，在效率上也比较高，消耗网络节点的资源较少，许多传感网都选用此方案。而使用非对称密码技术的传感网一般具有较好的计算和通信能力，并且对安全性要求更高。在认证的基础上完成密钥协商是建立会话密钥的必要步骤。安全路由和入侵检测等也是传感网应具有的性能。

（二）网络层安全

物联网的网络层主要用于把感知层收集到的信息安全可靠地传输到应用层，即网络层主要是网络基础设施，包括互联网、移动网和一些专业网（如国家电力专用网、广播电视网）等。在信息传输过程中跨网络传输是很正常的，在物联网环境中这一现象更突出，而且很可能在正常而普通的事件中产生信息安全隐患。

1. 网络层的安全挑战。在物联网发展过程中，目前的互联网或者下一代互联网将是物联网网络层的核心载体，多数信息要经过互联网传输。互联网遇到的 DOS 和分布式拒绝服务攻击（DDOS）仍然存在，因此需要有更好的防范措施和灾难恢复机制。

在网络层，异构网络的信息交换将成为安全性的脆弱点，特别在网络认证方面，难免存在中间人攻击和其他类型的攻击，如异步攻击、合谋攻击等。这些攻击都需要有更高的安全防护措施。

2. 网络层的安全需求。如果仅考虑互联网、移动网及其他一些专用网络，则物联网网络层对安全的需求可以概括为以下几点：

（1）数据机密性：需要保证数据在传输过程中不泄露其内容。

（2）数据完整性：需要保证数据在传输过程中不被非法篡改，或非法篡

205

改的数据容易被检测出。

（3）数据流机密性：某些应用场景需要对数据流量信息进行保密，目前只能提供有限的数据流机密性。

（4）DDOS攻击的检测与预防：DDOS攻击是网络中最常见的攻击现象，在物联网中将会更突出。物联网中需要解决的问题还包括如何对脆弱节点的DDOS攻击进行防护。

（5）移动网中认证与密钥协商（AKA）机制的一致性或兼容性、跨域认证和跨网络认证（基于IMSI）：不同无线网络所使用的不同AKA机制对跨网认证带来不利，这一问题亟待解决。

3. 网络层的安全机制。网络层的安全机制可分为端到端机密性和节点到节点机密性两类。对于端到端机密性，需要建立如下安全机制：端到端认证机制、端到端密钥协商机制、密钥管理机制和机密性算法选取机制等。在这些安全机制中，根据需要可以增加数据完整性服务。对于节点到节点机密性，需要节点间的认证和密钥协商协议，这类协议要重点考虑效率因素。机密性算法的选取和数据完整性服务则可以根据需求选取或省略。考虑到跨网络架构的安全需求，需要建立不同网络环境的认证衔接机制。另外，根据应用层的不同需求，网络传输模式可能区分为单播通信、组播通信和广播通信，针对不同类型的通信模式也应有相应的认证机制和机密性保护机制。

（三）应用层安全

应用层涉及的是综合的或有个体特性的具体应用业务，它所涉及的某些安全问题通过前面几个逻辑层的安全解决方案可能仍然无法解决。在这些问题中，隐私保护就是典型的一种。感知层和网络层都不涉及隐私保护的问题，但它却是一些特殊应用场景的实际需求，即应用层的特殊安全需求。物联网的数据共享有多种情况，涉及不同权限的数据访问。此外，在应用层还将涉及知识产权保护、计算机取证、计算机数据销毁等安全需求和相应技术。

1. 应用层的安全挑战和安全需求。应用层的安全挑战和安全需求主要来自下述几个方面。

（1）如何根据不同访问权限对同一数据库内容进行筛选。

（2）如何提供用户隐私信息保护，同时又能正确认证。

（3）如何解决信息泄露追踪问题。

（4）如何进行计算机取证。

（5）如何销毁计算机数据。

（6）如何保护电子产品和软件的知识产权。由于物联网需要根据不同应用需求对共享数据分配不同的访问权限，而且不同权限访问同一数据可能得到不同的结果。例如，道路交通监控视频数据，当用于城市规划时只需要很低的分辨率即可，因为城市规划需要的是交通堵塞的大概情况；当用于公安侦查时可能需要更清晰的图像，以便能准确识别汽车牌照等信息。因此如何以安全方式处理信息是应用中的一项挑战。

随着个人和商业信息的网络化，越来越多的信息被认为是用户隐私信息。例如，医疗病历的管理系统需要病人的相关信息来获取正确的病历数据，但又要避免该病历数据跟病人的身份信息相关联。在应用过程中，主治医生知道病人的病历数据，这种情况下对隐私信息的保护具有一定的困难，但可以通过密码技术手段掌握医生泄露病人病历信息的证据。

在使用互联网的商业活动中，特别是在物联网环境的商业活动中，无论采取了什么技术措施，都难避免恶意行为的发生。计算机数据销毁技术不可避免地会成为计算机犯罪证据销毁的工具，从而增大计算机取证的难度。因此如何处理好计算机取证和计算机数据销毁这对矛盾，是一项具有挑战性的技术难题，也是物联网应用中需要解决的问题。

物联网的主要市场将是商业应用，在商业应用中存在大量需要保护的知识产权产品，包括电子产品和软件等。在物联网的应用中，对电子产品的知识产权保护将会提到一个新的高度，对应的技术要求也是一项新的挑战。

2. 应用层的安全架构基于物联网综合应用层的安全挑战和安全需求，需要如下的安全机制：

（1）有效的数据库访问控制和内容筛选机制。

（2）不同场景的隐私信息保护技术。

（3）叛逆追踪和其他信息泄露追踪机制。

（4）有效的计算机取证技术。

（5）安全的计算机数据销毁技术。

（6）安全的电子产品和软件的知识产权保护技术。针对这些安全架构，需要发展相关的密码技术，包括访问控制、匿名签名、匿名认证、密文验证（包括同态加密）、门限密码、叛逆追踪、数字水印和指纹技术等。

（四）物联网隐私问题

隐私是一个更严重的问题，隐私保密技术还处于起步阶段，现在的系统没有对资源有限的设备进行设计，同时针对隐私的全面的观点还有待于发展（比如，人的一生中对于隐私的观点）。物联网中物体的不均匀性和流动性，会增加网络安全问题的复杂性。同时，从法律上看，一些问题还不是很清晰，有待于法律解释，比如隐私法规所涉及的范围、物体所有权中的数据归属问题。

物联网作为一个新生事物，我们还没有完全掌握它的发展规律和技术体系，在发展过程中要注意很多问题。比如物联网不是简单的虚拟世界，会涉及国家安全等问题。因此，物联网发展不能依靠某个企业，还需要国家介入，并制定相应的法律法规。另外，物联网内容广泛，涉及传感、射频识别、通信网络等很多技术，对于这些单项技术，我国都已基本掌握了，但怎样有机地构成统一的网络，并形成标准，还需要国家的大力扶持和相关科研结构的进一步研究。

网络技术和数据匿名技术是隐私安全技术的基础，但是这些技术一般是由那些在计算能力和数据带宽方面相当重要的设备提供的。类似的观点可用于设备的认证和建立信任等方面。尚待解决的问题有以下几个：

1. 网络设备智能、自我意识行为的事件驱动剂。

2. 混杂设备的隐私保密技术。

3. 分散式身份验证和信任的模型。

4. 能源效率的加密和数据保护技术。

5. 物体与网络身份验证。

6. 匿名机制。

7. 云计算的安全与信任。

8. 数据谱系关系。

（五）非技术因素

物联网的信息安全问题将不仅仅是技术问题，还会涉及许多非技术因素。下述几方面的因素很难通过技术手段来实现：

1. 教育教育能让用户意识到信息安全的重要性和如何正确使用物联网服务以减少机密信息的泄露机会。

2. 管理严谨的科学管理方法将使信息安全隐患降到最低，特别应注意信息安全管理。

3. 信息安全管理找到信息系统安全方面最薄弱环节并进行加强，以提高系统的整体安全程度，包括资源安全管理、物理安全管理、人力安全管理等。

4. 口令管理许多系统的安全隐患来自账户口令的管理。因此，在物联网的设计和使用过程中，除了需要加强运用技术手段提高信息安全的保护力度外，还应注重对信息安全有影响的非技术因素，从整体上降低信息被非法获取和使用的概率。

物联网中两个主要的问题就是人的隐私问题和商业活动的机密问题。但是因为物体的部署规模、流动性、相对较低的复杂度等，安全问题一直比较难解决。

三、物联网能量技术发展

物联网是指按照约定的协议通过信息传感设备把各种安装了传感装置（包括传感器、RFID 等）的设备、货物、基础设施与通信网络连接起来，使这些物流要素能够进行信息交换和远程控制，从而实现人与人、人与物、物与物的动态互联和相融互动的网络系统。物联网中这些自动运行的各种设备、传感器与检测器都需要维持能量来完成工作。为了满足物联网应用软件的能量需求，一种典型的能源生成与获得装置需要能量采集技术、微系统的能量储存技术、微功耗技术及能量传递技术的支持。

（一）能量采集技术

能量采集是指通过各种手段，从物体的周围环境中将其他形式的能量转化为电能，如太阳能、风能、振动能、热能和核能，供给储存能量的微型电池，以供应物体在其使用期内正常地工作。

1. 机械能转化为电能。振动是一种广泛存在的现象，而无线传感器节点的活动能耗和休眠能耗已经分别降到了几十毫瓦和几微瓦，这无疑意味着利用采集振动机械能，用于驱动无线网络等低能耗设备有着广泛的前景。振动机械能转化为电能大致分为压电式、电磁式与可变电容式三种形式。

（1）压电式。当某些晶体，如石英、电气石和压电陶瓷等，受到机械力而发生拉伸或压缩时，晶体相对的两个表面会出现等量的异号电荷，这种现象被称为压电现象。具有压电现象的介质，称为压电体。

（2）电磁式。电磁式能量采集器利用电磁感应原理来转化电能。由线圈和磁极的相对运动，或是磁场强度的改变产生电流。由于在电机上已经有许多年的成功应用，电磁式已有很完善的技术基础。针对各种循环，应力环境有各种材料和结构可以选用。与其他类型相比，电磁式能量采集器的优点在于：不需要外加的电压源；机械阻尼较低，可靠性高。然而在 MEMS 技术要求下的电磁式能量采集器仍有一些问题：第一，平面磁极本身的性能并不令人满意；第二，平面上的线圈数受到很大的限制；第三，微尺度下零件的组装也是很困难的。

（3）可变电容式。可变电容式振动采集器是利用外部设备如辅助电源或电容处于运动状态的电容极片上的电压或电量保持不变，当外部振动造成电容量变化时，电容的电量或电压发生变化，在电容外部的电路形成电流，由此将外部机械运动的能量转化为电能。可变电容式能量采集器的主要优点是可以更容易地通过 MEMS 工艺集成在微型系统中。这种结构需要一个初始的极化电压或电流，在实际运用中，这并不成问题。可变电容式能量采集器可以通过电介体来储存电流。这些电介体可以使用很多年，并且在电容式振动采集器工作时自动补充能量。能源存储技术有助于物联网应用软件的有效部署。

2. 太阳能采集。太阳辐射的能流密度低，当利用太阳能时，为了获得足够的能量，或者为了提高温度，必须采用一定的技术和装置（集热器）对太阳能进行采集。集热器按是否聚光，可以划分为聚光集热器和非聚光集热器两大类。非聚光集热器（平板集热器、真空管集热器）能够利用太阳的直射辐射和散射辐射，集热温度较低；聚光集热器能将阳光汇聚在面积较小的吸热面上，可获得较高的温度，但只能利用直射辐射，且需要跟踪太阳。目前主要有平板集热器、真空管集热器、聚光集热器等。

太阳能是一种辐射能，具有即时性，必须即时转换成其他形式的能量，才可以被储存和利用。将太阳能转换成不同形式的能量需要不同的能量转换器。集热器通过吸收面可以将太阳能转换成热能；利用光伏效应太阳电池，可以将太阳能转换成电能；通过光合作用，植物可以将太阳能转换成生物质能等。原则上，太阳能可以直接或间接转换成任何形式的能量，但转换次数越多，最终太阳能转换的效率便越低。

此外，能量采集技术还包括风能、振动能、热能、核能等能量的采集技术。

（二）微系统的能量储存技术

目前的嵌入式无线技术如无线传感器网络、主动式 RFID，都有庞大的体积，需要功率大的电池，否则就只有短暂的生命。

为了在物联网中成功地提供真正的嵌入式数字物体参与者，需要持续地研究小型化的高能量储存技术。能量储存已经成为电子设备小型化的最大障碍。克服能量储存问题的一个解决方案是从周围的环境中获取能量，从而自动给物体内的小型电池重复充电。迄今为止，能量收集仍然是一个低效率的过程，还需要进行大量的研究。嵌入式设备储存能量的来源包括振动、太阳辐射、热能等。

（三）微功耗技术

物联网能量技术的目标在于让传感设备从环境中获取能量，这些物体的电池可以自动充电。微功耗技术的出现形成了一个新的技术领域，为物联网设备提供了很多研发机会。我们可从硬件、软件的角度来降低功耗，这里不作详述。

第三节　物联网产业发展及对未来职业的影响

物联网产业尚处于初创阶段，虽其应用前景非常广阔，未来将成为我国新型战略产业，但其标准、技术、商业模式及配套政策等还远远没有成熟。这也意味着在物联网发展的前期，谁先抢占先机，谁就将在物联网这一行业蓬勃发展。

一、物联网产业发展的政府角色

从目前物联网在我国的发展形势来看，我国虽然有很多领域涉及物联网，但物联网这一技术还没能走入千家万户，还亟待得到普及。物联网发展已到产业化、标准化的关键时期，在产业化和核心关键技术方面与发达国家有一定差距，实施以感知为核心的物联网标准化战略迫在眉睫。物联网的关键是"大集成"应用，而物联网大集成应用实现的关键是中间件和解决方案。用标准化的数据交换实现这些已存在的和新建的系统之间的互联互通和"管控营一体化"。国家政策的扶持，必将推动物联网在中国迅猛发展。政府作为物联网产业的战略决策者需要做好如下工作：

1. 应该大力开发物联网的行业应用，尤其是具有战略性意义的行业应用。对于条件具备的战略性行业应用，甚至可以国家主导的方式来开发和推动。

2. 国家层面主导的物联网技术标准化工作应该尽快开始入手，在物联网技术国际标准的制定中也要积极发挥主要参与者的作用，并争取在某些标准制定中成为主导者。在国内，要制定政策，打破行业垄断，推动物联网技术在各行

211

各业（尤其是垄断行业）的标准化工作。

3.要充分发挥中国市场的用户规模优势，吸引全球先进的技术、研发人才、资金等进入中国，提高中国在物联网标准制定中的议价能力。

4.需要重点解决的物联网产业发展"瓶颈"是关键技术开发和技术创新能力、营销与服务能力和配套产业的发展。

5.在物联网人才培养方面，要特别重视领军人才、研发人才和生产人才的培养。

6.制定物联网政策的关键在于按互联网时代的规律办事，立足于合作共赢的政策设计理念，实行放水养鱼而不是与民争利的行业管理政策，要在大力减少物联网企业发展的各种交易成本的同时，加大政府的资金扶持力度。

分析物联网所有应用架构下工业化与信息化融合的现实情况，数字化感知、传输、处理与控制技术，更深入地涉及了生产的设计、装备、过程、产品及售后方面，初步形成了以工业应用创新带动物联网产业创新，产业创新又推动物联网技术创新，从而促进应用创新的良性循环。

二、物联网产业发展带来就业严重缺口

我国物联网领域发展迅猛。早在1999年，我国就提出了"传感网"概念，即现在正发展着的物联网。国家政策支持涉及智能交通、智能物流、智能电网、智能医疗、智能工业、智能农业、环境监控与灾害预警、智能家居、公共安全、社会公共事业、金融与服务业、智慧城市、国防与军事等众多领域，从而掀起中国物联网发展的新浪潮。

由于物联网行业的崛起，人们的工作方式、工作内容都将会有所改变。伴随着物联网的革新，将会有一大批人才投入到物联网领域。物联网需要的是新型的智慧人才、头脑人才，而这也将会顺应"90后"求职的标准。"90后"崇尚的轻松工作、高薪工作会契合这一发展趋势。

预计2020年物联网的产业规模比互联网产业的规模大30倍以上，而物联网技术领域需要的人才每年也将以百万人的量级递增。也就是说，选择物联网这一行业前景非常好。

三、物联网发展对未来职业的机遇和挑战

随着物联网技术的不断成熟，物联网在各行各业中的实际应用也越来越多。企业不断寻找发展的契机，给求职者带来的是新的机遇和挑战。

（一）物联网发展带来就业的新机遇

随着物联网时代的来临，大多企业会被淘汰出历史的舞台，为迅速抢占物联网先机，新型的企业将会纷纷崛起。从种种数据可以看出，物联网将成为全球发展的趋势。从比尔·盖茨的预言到政府纷纷出台政策投资建设物联网行业，抢占"物联网"这一领域的先机，都很好地证明了未来几年将会是物联网的时代，揭开物联网时代的新篇章。为争夺"物联网"这块新领域，势必造成物联网行业出现"井喷"发展趋势，导致该行业的人才出现严重供应不足的状况，出现企业争夺人才的情形。

从整体来看，物联网行业非常需要人才。从工信部及各级政府所颁布的规划来看，物联网在未来十年之内必然会迎来其发展的高峰期。而物联网技术人才也势必会拥有属于自己的一个美好时代。

（二）物联网发展对就业的新挑战

未来的物联网技术要得到发展，需要在信息收集、改进、芯片推广、程序算法设计等方面有所突破，而做到这些的关键是人才。

从人才市场的需求来看，作为国家倡导的新兴战略性产业，物联网备受各界重视，并成为就业前景广阔的热门领域。物联网技术人才主要就业于与物联网相关的企业、行业，从事物联网的通信架构、网络协议和标准、无线传感器、信息安全等的设计、开发、管理与维护，也可在高校或科研院所从事科研和教学工作。物联网是个交叉学科，涉及通信技术、传感技术、网络技术及RFID技术、嵌入式系统技术等多个领域的知识，要想在大学阶段就能深入学习这些知识的难度很大，而且部分物联网研究院从事核心技术工作的人员都要求具有研究能力。

有机会、机遇，不一定有工作。作为新一代的"90后"，由于之前对社会认知不足，导致物联网产业发展起来后，作为求职者才刚刚了解到，来不及去选择，来不及去学习和充实，虽然机会摆在面前，却很难抓到。因此，在校大学生应及早准备，可从与物联网有关的知识着手，找准专业方向、夯实基础，同时增强实践与应用能力。

物联网正在悄然地建设着，作为大学毕业生，更要认清趋势，不要为了工作而工作，不要为了升学而升学，认清时代发展的趋势，选择适合自己、顺应趋势的专业和工作，及时做好规划和定位。

四、物联网专业学生就业需求条件

真正的物联网人才极其缺乏，不少高校也开始开设物联网工程专业。然而物联网工程专业毕竟是新兴专业，该专业学生需要具备一些硬性条件才容易找到工作。智能视觉物联网联盟指出，物联网专业毕业生就业需要具备工作技能、专业证书、团队合作能力等。

（一）关于工作技能的硬性要求

首先，虽然物联网的范围很广，但是没有哪一家公司会要求应聘者什么都懂，而是应该在大体了解的基础上，具备某一方面的突出能力，比如在软件开发方面，会要求精通 C、C++、NET 等各种常用编程语言及数据库知识，而在硬件研发方面，则会对嵌入式系统开发、常用电路设计、各种接口技术有较高的要求。还有网络领域的工作人员，也应该熟悉各种网络协议及通信协议，如TCP/IP、蓝牙、Wi-Fi 等。

这些知识都是从事计算机、互联网相关行业工作的人应该了解的，在此基础上，如果要从事物联网的核心工作，则需要对 RFID 射频识别技术、云计算及大数据、M2M 领域有一定的研究，对于刚毕业的本科生来说，要达到这种水平是不容易的，可是这可以作为有志于在物联网领域深入发展的同学的一个努力的方向。

（二）专业证书要求

虽然现在用人单位都提倡"重能力轻证书"，但一些跟工作联系紧密的证书还是或多或少能反映求职者的水平。目前国内较权威的物联网资格认证有全国物联网技术应用人才培养认证、CETTIC 物联网工程师职业培训认证等。

（三）团队合作能力要求

物联网是一个综合产业，在一家公司中，单个人是无法独立完成整个物联网项目的，必须依靠整个团队的力量，每位成员各展其长，才能和谐发展，如果一个程序员将代码写得无法阅读，移植性差，就会给测试人员造成很大的麻烦，因此团队意识也是非常重要的。

常言道"君子藏器于身，待时而动"，这句话同样可以用在物联网专业的学生身上，现在物联网还没有真正作为一个学科，一个独立的体系，当然它也不可能真正独立，它的范围非常广，需要的知识技能比较多，同学们应该有选择性地储备专业知识，丰富自己的能力，到毕业时才能顺应时势，投身到物联网产业的大潮中去。

结束语

信息产业持续高速发展的今天，手机、互联网已和大多数人的生活密不可分。当人们不断质疑信息产业的成长性时，以物联网、云计算、智慧地球等为代表的新一代信息技术应用蓬勃发展，推动着以绿色、智能和可持续发展为特征的新一轮科技革命和产业革命的来临。物联网已经成为我国战略性新兴产业，全国掀起了快速发展物联网的热潮。

物联网和云计算不是概念炒作，更不是虚无的抽象，最终必须落地为"物的处理或者物的服务中心"，以完成对万物的智能处理。具体到"物"，物联网反映出对"物"的处理必然包括物流的移动。因此物联网运作中彰显物流的作用，除了完善的信息网络外，还需要相应的物流活动借助物流网络支撑万物的移动（操作或处理）。物联网和云计算作为一种新的信息技术、网络模式与经济实体，要为经济发展方式转型和可持续发展服务，建设一个节能、环保、低碳、健康、安全和充分就业的社会。

■■■ 针对当前物联网建设喊得响，但实际应用却找不到切入点的情况，笔者以前瞻性的思维，深入浅出地解答了物联网中很多尚未厘清的疑问。本书在编写过程中，参考了大量的相关书籍、资料和文献，在参考文献中一并列出，在此向其作者表示感谢！在编写此书的过程中作者也得到了相关部门和个人的大力支持，在此一并表示由衷的谢意。

参考
文献

[1] 杨永志,高建华.试论物联网及其在我国的科学发展[J].中国流通经济,2014(2):46-49.

[2] 沈苏彬,毛燕琴,范曲立.物联网概念模型与体系结构[J].南京邮电大学学报:自然科学版,2014(8):1-8.

[3] 刘强,崔莉,陈海明.物联网关键技术与应用[J].计算机科学,2016(6):01-10.

[4] 王清辉.试析物联网技术在企业供应链管理中的运用[J].长沙铁道学院学报:社会科学版,2015(3):27-28.

[5] 沈苏彬,范曲立,毛燕琴.物联网的体系结构与相关技术研究[J].南京邮电大学学报:自然科学版,2015(12):1-11.

[6] 张军杰,杨铸.我国物联网产业发展状况、影响因素及对策研究[J].科技管理研究,2014(13):26-29.

[7] 吴旺延,陈莉.关天经济区物联网产业发展的现状、问题及建议[J].西安财经学院学报,2015(3):61-64.

[8] 曹军威,万宇鑫,涂国煜.智能电网信息系统体系结构研究[J].计算机学

报 ,2013(1):143–167.

[9] 袁长征 . 基于产业经济学视角的我国物联网产业发展分析 [J]. 学术交流 ,2015(7):115–118.

[10] 陶冶 , 殷振华 . 我国物联网发展的现状与规划 [J]. 科技广场 ,2015(9):204–206.

[11] 田樱 . 抓住下一个经济增长点 —— 物联网 [J]. 呼伦贝尔学院学报 ,2014(04):47–52.

[12] 朱卫未 , 于娱 . 我国物联网产业发展环境分析 [J]. 南京邮电大学学报 : 社会科学版 ,2014(12):28–35.

[13] 艾伶俐 , 郭静 , 张磊 . 基于物联网的供应链信息共享 [J]. 物流科技 ,2012(3):86–88.

[14] 蒋相岚 , 陈涛 . 物联网技术在供应链中的创新应用 [J]. 通信与信息技术 ,2012(3):88–91.

[15] 管继刚 . 物联网技术在智能农业中的应用 [J]. 通信管理与技术 ,2013(6):24–27.

[16] 侯赟慧 , 岳中刚 . 我国物联网产业未来发展路径探析 [J]. 现代管理科学 ,2014(2):39–41.

[17] 李春杰 . 基于物联网的供应链管理发展新趋势 [J]. 物流工程与管理 ,2012(6):63–64.

[18] 杜洪礼 , 吴隽 , 俞虹 . 物联网技术在企业供应链管理中的应用研究 [J]. 物流科技 ,2015(3):06–08.

[19] 徐建鹏 , 周鹿扬 , 张淑静 . 物联网在农业中的应用 [J]. 宁夏农林科技 ,2012(2):67–68.